Dieses Arbeitsheft gehört: ____________________

W0390842

Die Normalparabel

1 Kreuze die Punkte an, die auf der Normalparabel p: $y = x^2$ liegen.
◯ A (3|9) ◯ B (2|6) ◯ C (−3|9) ◯ D (−2|−4) ◯ E (9|3) ◯ F (0|0)

2 Alle Punkte sollen auf der Normalparabel p: $y = x^2$ liegen. Gib, falls möglich, die fehlenden Werte an.

A (−4|______) B (2,4|______) C (−1,2|______) D (______|16) E (______|−16)

F (______|2) G (______|$\frac{1}{4}$) H (______|$-\sqrt{3}$) I ($3\sqrt{3}$|______) J (______|x^2)

3 Entscheide, ob die Punkte auf den Graphen der Funktionen p_1 oder p_2 liegen. Kreuze gegebenenfalls an.

	P (2|−4)	T (−3|9)	A (25|−5)	C (−1|1)	T (0|0)	M ($-\sqrt{5}$|5)	F (−1,5|2,25)	L (0,4|−0,16)
p_1: $y = x^2$								
p_2: $y = -x^2$								

4 Kreuze die richtigen Aussagen zur Parabel p: $y = -x^2$ an.
◯ Bei Spiegelung an der y-Achse sind die Parabel und ihr Bild identisch.
◯ Der Scheitelpunkt hat von allen Punkten der Parabel die höchste y-Koordinate.
◯ Die Parabel hat keine positiven Funktionswerte.
◯ Der Punkt B (−2,1|4,41) liegt auf der Parabel.
◯ Die Parabel hat eine einzige Nullstelle.
◯ Die Parabel ist punktsymmetrisch zum Scheitelpunkt.
◯ Der Scheitelpunkt liegt bei (0|0).
◯ Die Parabel verläuft symmetrisch zur x-Achse.

5 **a)** Zeichne die Normalparabel p: $y = x^2$ im Intervall $-2{,}5 \leqq x \leqq 2{,}5$.

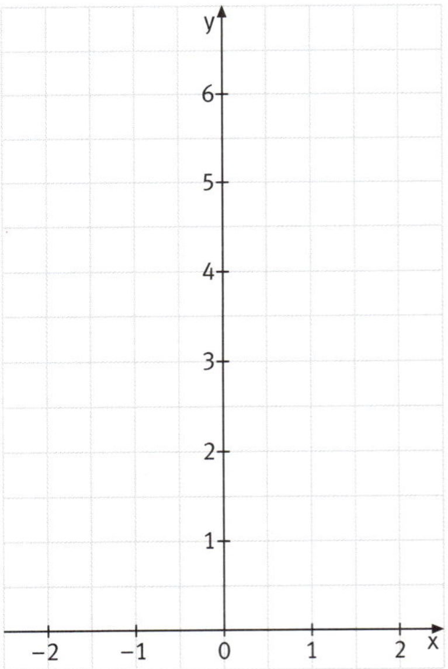

b) Kreuze die richtigen Aussagen an. Der Punkt ...
◯ A (−2|−4) liegt unterhalb der Normalparabel.
◯ B (3|3) liegt auf der Normalparabel.
◯ C (2|4) liegt auf der Normalparabel.
◯ D (2,5|6,25) liegt oberhalb der Normalparabel.
◯ E (−2|6) liegt oberhalb der Normalparabel.
◯ F (−1|1,5) liegt unterhalb der Normalparabel.

c) Die Punkte M und N liegen auf der Parabel. Bestimme rechnerisch die fehlenden Koordinaten.

$x = 2\sqrt{3}$ in p: $y = x^2$

y = (______)^2

y = ______

M ($2\sqrt{3}$|______)

y = 12,25 in p: $y = x^2$

______ = x^2

x_1 = ______ ∨ x_2 = ______

N (______|12,25)

oder __________

1 Kreuze an, ob der Graph der Funktion p: $y = ax^2$ nach oben oder nach unten geöffnet ist. Handelt es sich um eine gestreckte oder gestauchte Parabel?

Funktionsgleichung	a) $y = 0{,}2x^2$	b) $y = -1{,}2x^2$	c) $y = -\frac{2}{3}x^2$	d) $y = \frac{7}{5}x^2$	e) $y = -x^2$	f) $y = 2\frac{1}{7}x^2$
nach oben geöffnet	◯	◯	◯	◯	◯	◯
nach unten geöffnet	◯	◯	◯	◯	◯	◯
gestreckt	◯	◯	◯	◯	◯	◯
gestaucht	◯	◯	◯	◯	◯	◯

2 a) Ordne die Graphen den passenden Funktionsgleichungen zu.

____ : $y = -0{,}2x^2$ ____ : $y = -2x^2$

____ : $y = 1{,}2x^2$ ____ : $y = \frac{1}{3}x^2$

____ : $y = -x^2$ ____ : $y = 2{,}5x^2$

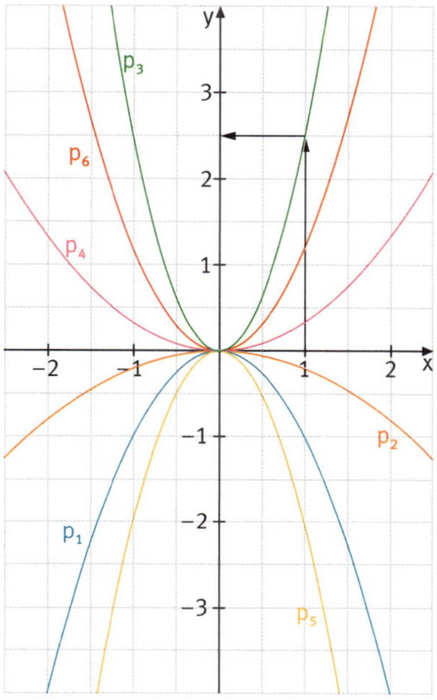

b) Überprüfe rechnerisch, ob die Punkte A und B auf p_2 liegen.

A (4|−3,2) B (0|−0,2)

A in p_2: $y = -0{,}2x^2$ ____________

$-3{,}2 = -0{,}2 \cdot$ ____ ____________

____ = ____ ____________

Die Aussage ist ...
◯ wahr. ◯ falsch.
⇒ ◯ $A \in p_2$ ◯ $A \notin p_2$

Die Aussage ist ...
◯ wahr. ◯ falsch.
⇒ ◯ $B \in p_2$ ◯ $B \notin p_2$

3 Die Punkte Q liegen auf Parabeln der Form p: $y = ax^2$ ($a \in \mathbb{R}\setminus\{0\}$). Berechne (im Kopf oder auf einem Extrablatt) den Wert der Formvariable a und gib die Parabelgleichung an.

a) Q (3|−9): y = ____ x^2
b) Q (−2|6): y = ____
c) Q (−3|−63): y = ____
d) Q (6|12): y = ____
e) Q (10|−80): y = ____
f) Q (−2|1,5): y = ____
g) Q (0,2|0,8): y = ____
h) Q (7|−196): y = ____
i) Q (9|48,6): y = ____

4 Vervollständige die Wertetabelle und zeichne die Parabeln p_1 und p_2 in das Koordinatensystem.

x	−3	−2	−1	0	1	2	3
p_1: $y = -0{,}1x^2$							
p_2: $y = \frac{2}{5}x^2$							

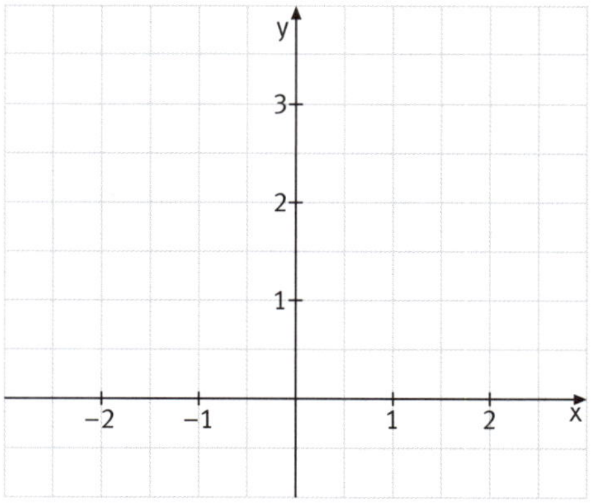

1 Gegeben sind Parabeln. Kreuze jeweils die zugehörige Funktionsgleichung an.

a) 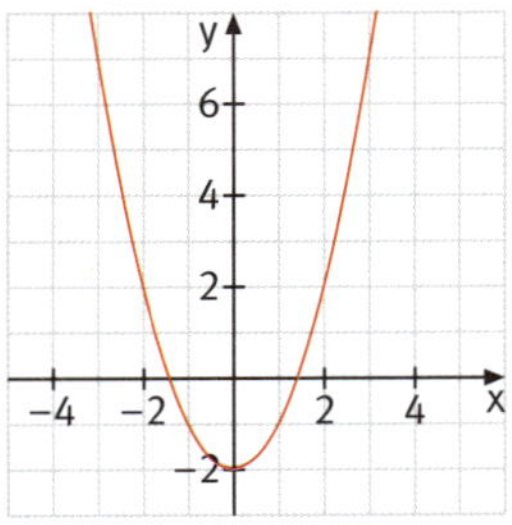

- ◯ p: $y = x^2 + 2$
- ◯ p: $y = x^2 - 2$
- ◯ p: $y = (x + 2)^2$
- ◯ p: $y = (x - 2)^2$

b) 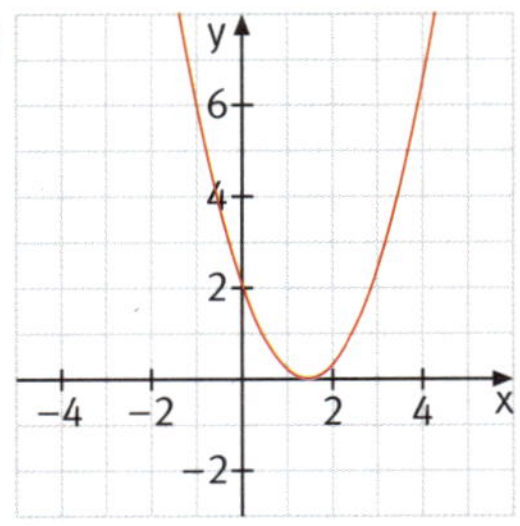

- ◯ p: $y = x^2 + 1{,}5$
- ◯ p: $y = x^2 - 1{,}5$
- ◯ p: $y = (x + 1{,}5)^2$
- ◯ p: $y = (x - 1{,}5)^2$

c) 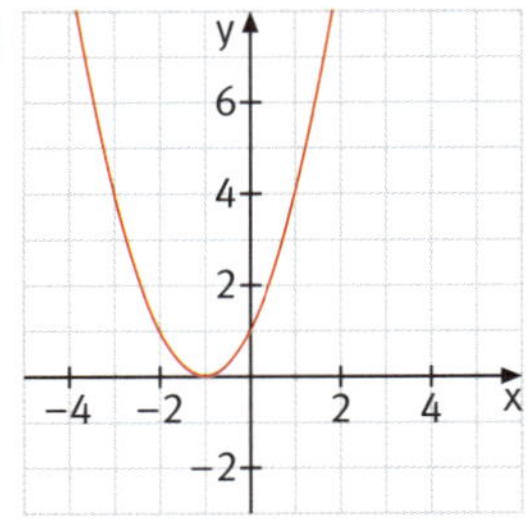

- ◯ p: $y = x^2 + 1$
- ◯ p: $y = x^2 - 1$
- ◯ p: $y = (x + 1)^2$
- ◯ p: $y = (x - 1)^2$

d) 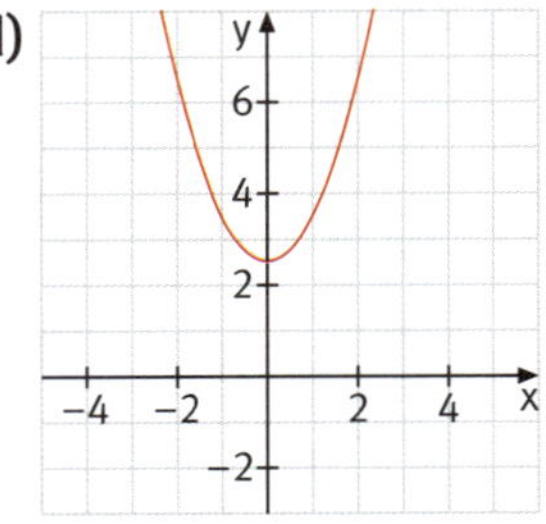

- ◯ p: $y = x^2 + 2{,}5$
- ◯ p: $y = x^2 - 2{,}5$
- ◯ p: $y = (x + 2{,}5)^2$
- ◯ p: $y = (x - 2{,}5)^2$

2 Die Parabeln sind verschobene Normalparabeln. Gib jeweils die Funktionsgleichung an.

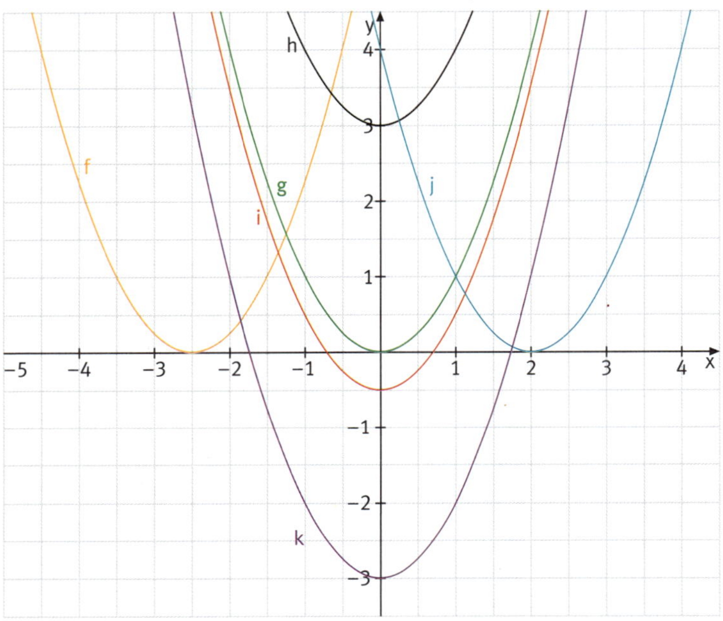

f: y = ____________________

g: y = ____________________

h: y = ____________________

i: y = ____________________

j: y = ____________________

k: y = ____________________

3 Gib zu jeder Funktionsgleichung die Koordinaten des Scheitelpunktes S an und ordne die passenden Graphen zu.

$y = (x - 2)^2 + 1$	$y = (x + 1)^2 - 2$	$y = (x + 1)^2 + 2$	$y = (x - 1)^2 - 2$	$y = (x + 2)^2 - 1$
S (____|____)	S (____|____)	S (____|____)	S (____|____)	S (____|____)

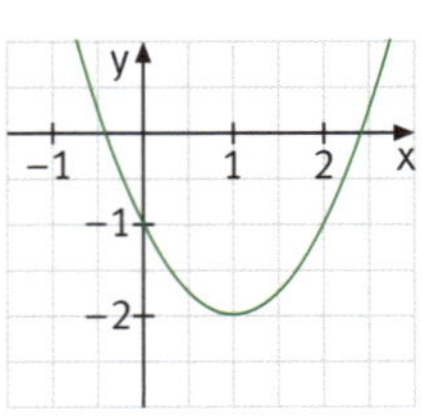
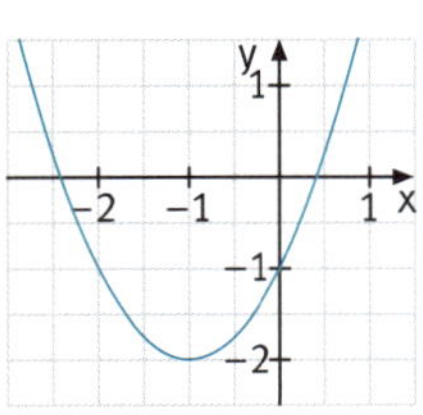
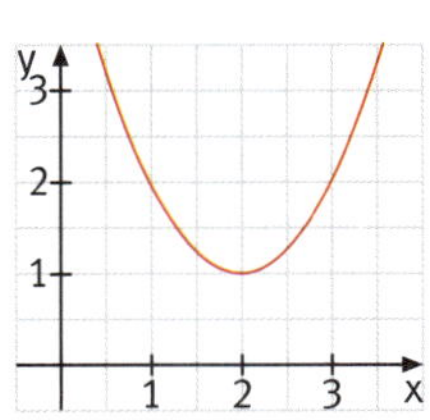
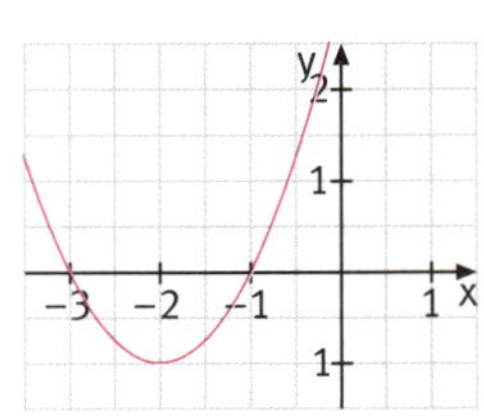
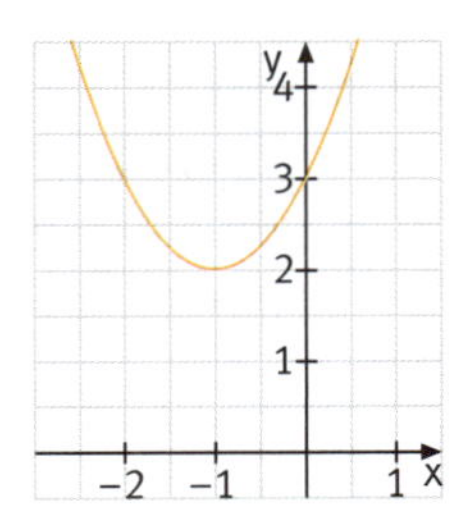

1 Bestimme die fehlenden Scheitelkoordinaten, Koeffizienten a bzw. Parabelgleichungen. Entscheide dann mithilfe der Lage des Scheitels und der Öffnungsrichtung, wie viele Nullstellen die Parabel besitzt.

		Scheitel	a = ...	Der Scheitel liegt ... der x-Achse.	Die Parabel ist nach ... geöffnet.	Anzahl der Nullstellen
a)	$y = -0{,}2\,(x+3)^2 + 7$	S (		◯ über ◯ unter ◯ auf	◯ oben ◯ unten	◯ 0 ◯ 1 ◯ 2
b)	$y = 4\,(x-8)^2 + 1$			◯ über ◯ unter ◯ auf	◯ oben ◯ unten	◯ 0 ◯ 1 ◯ 2
c)	y =	S (−2|0)	−5	◯ über ◯ unter ◯ auf	◯ oben ◯ unten	◯ 0 ◯ 1 ◯ 2
d)	$y = (x - \_\_\_)^2 - \_\_\_$	S (4|−6)		◯ über ◯ unter ◯ auf	◯ oben ◯ unten	◯ 0 ◯ 1 ◯ 2
e)	$y = -1{,}2x^2 - 9$			◯ über ◯ unter ◯ auf	◯ oben ◯ unten	◯ 0 ◯ 1 ◯ 2

2 Berechne die Nullstellen und den Schnittpunkt Q mit der y-Achse. Nutze gegebenenfalls ein Extrablatt.

a) p: $y = -2x^2 + 18$

y = 0 in p: 0 = ________ | − 18

______ = ________ |: (−2)

$9 = x^2$

Nullstellen: x = ______ oder x = ______

x = 0 in p: y = ________

y = ________

Schnittpunkt mit der y-Achse: Q (______|______)

b) p: $y = (x + 1{,}5)^2$

Nullstelle: ________

Schnittpunkt mit der y-Achse: ________

c) p: $y = 0{,}5x^2 + 3$

Nullstellen: ________________

Schnittpunkt mit der y-Achse: ________

3 Die Parabel p_1: $y = -0{,}5\,(x-2)^2 + 4$ wird durch Parallelverschiebung mit dem Vektor $\vec{v} = \begin{pmatrix} 0{,}5 \\ -2{,}5 \end{pmatrix}$ auf die Parabel p_2 abgebildet.

a) Vervollständige die Aussage über die Koeffizienten a_1 und a_2 der beiden Parabelgleichungen.

a_1 = ______ ⇒ a_2 = ______

b) Lies die Koordinaten des Scheitelpunktes S_1 ab und ermittle die Koordinaten seines Bildpunktes S_2.

S_1 (______|______) $\xrightarrow{\vec{v} = \begin{pmatrix} 0{,}5 \\ -2{,}5 \end{pmatrix}}$ S_2 (______|______)

c) Vervollständige die Gleichung der Parabel p_2.

p_2: y = ______ (________)² + ______

d) Zeichne die Parabel p_2 in das Koordinatensystem ein und überprüfe deine Zeichnung mithilfe von mindestens drei geschickt gewählten Repräsentanten des Verschiebungsvektors.

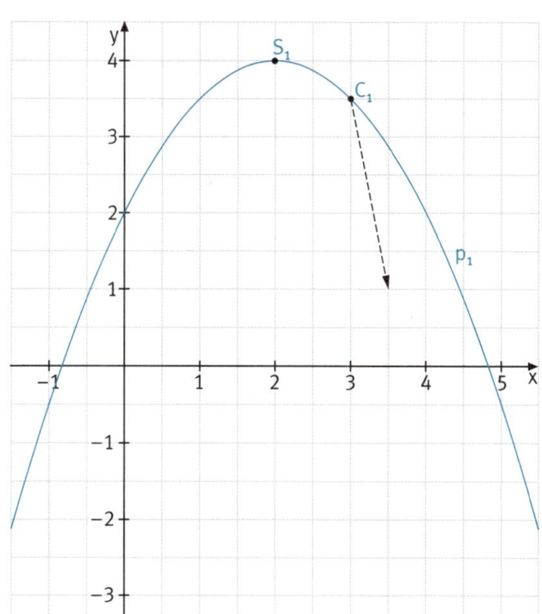

Die allgemeine Form $y = ax^2 + bx + c$

1 Lies die Koeffizienten a, b und c aus der Parabelgleichung ab und berechne mithilfe der Scheitelformel $S\left(-\frac{b}{2a} \middle| c - \frac{b^2}{4a}\right)$ die Koordinaten des Scheitelpunktes S.

a) p: $y = 0{,}5x^2 + 3x + 2{,}5$

a = ______ b = ______ c = ______

$S\left(-\frac{\square}{\square \cdot \square} \middle| \square - \frac{\square}{\square \cdot \square}\right)$

S (______|______)

b) p: $y = -x^2 + x - 1{,}75$

a = ______ b = ______ c = ______

S (______ | ______)

S (______|______)

2 Bestimme die Werte der Koeffizienten a, b und c und berechne (ggf. auf einem Extrablatt) die Koordinaten des Scheitels S. Gib dann die Parabelgleichung in Scheitelform an.

	allgemeine Form	Scheitelpunkt	Scheitelform
a)	p: $y = -2x^2 + 4x - 1$ a = ____ b = ____ c = ____		p: y = ____ · (x – ____)² + ____
b)	p: $y = 0{,}1x^2 + 0{,}4x + 1{,}9$ a = ____ b = ____ c = ____		
c)	p: $y = \frac{1}{6}x^2 - x$		
d)	p: $y = -0{,}7x^2 + 7x - 17{,}5$		

3 Lies aus der Parabelgleichung die Koordinaten des Scheitels, die Gleichung der Symmetrieachse h und die Wertemenge der Funktion ab. Gib dann die Parabelgleichung in der allgemeinen Form an und zeichne den Graphen sowie die Symmetrieachse h.

a) p: $y = 0{,}4\,(x + 2)^2 - 3$

S (____ | ____)

h:

W =

allg. Form: p: y = ______________________

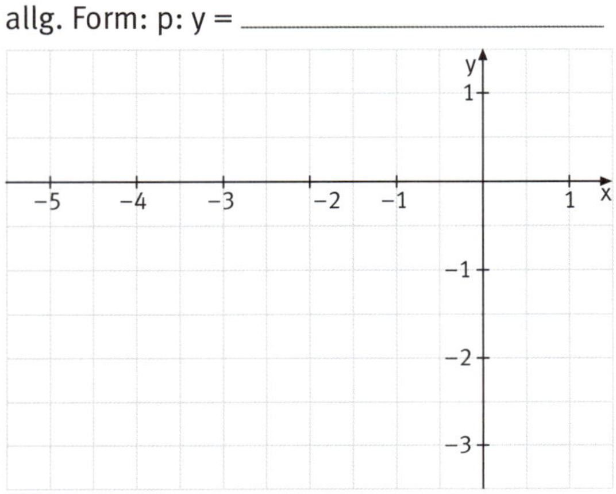

b) p: $y = -0{,}2\,(x + 1{,}5)^2 + 1$

S (____ | ____)

h:

W =

allg. Form: p: y = ______________________

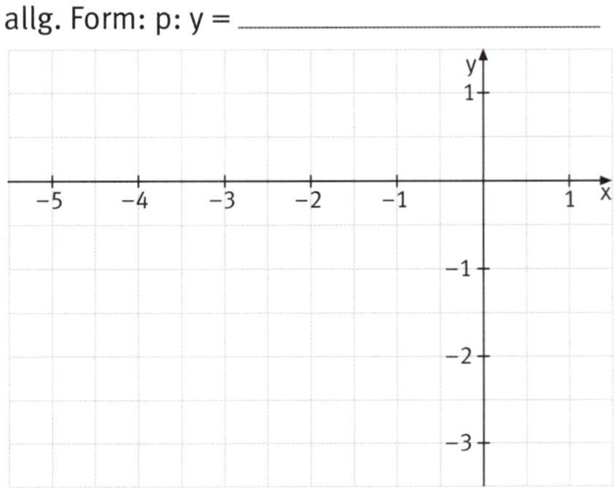

1 Bestimme zunächst die Parabelgleichung in Scheitelform und dann in der allgemeinen Form.

	a)	b)	c)
	$a = -7$; Scheitel S (0,5 | 9)	verschobene Normalparabel mit S (−2 | 6) $\Rightarrow a =$ ____	p: $y = 2{,}5x^2 + bx + c$ mit Scheitel S (−4 | −7) $\Rightarrow a =$ ____
Scheitelform	$y =$ ____ $\cdot$ (____ − ____)^2 + ____		
Rechnung	$y = -7\,(x^2 -$ ____ + ____) + 9		
allgemeine Form	$y = -7x^2 +$ ________		

2 Die Parabeln mit Scheitel S verlaufen durch den Punkt P. Berechne den Koeffizienten a und gib die Scheitelform der Parabelgleichung an.

a) S (−2 | −3,5) und P (0,5 | −8,5)

S in p: $y = a\,(x +$ ____$)^2 -$ ____

P in p: ____ $= a\,($____ $+ 2)^2 - 3{,}5$ | + 3,5

____ $= a \cdot$ ____ | : 6,25

$a =$ ____

Scheitelform: p: $y =$ ________

b) S (10 | −4) und P (8 | 2)

3 Die Parabeln p_1 und p_2 mit Gleichungen der Form p: $y = ax^2 + bx + c$ verlaufen durch die Punkte A bzw. B.

a) Berechne die fehlenden Koeffizienten und gib die Parabel in der allgemeinen Form an.

A (3|1) $\in p_1$: $y = -0{,}5x^2 + bx + 2{,}5$

A in p: ____ $= -0{,}5$ ____ + ____ + ____

____ $= 3b -$ ____

____ $= 3b$ | : 3

$b =$ ____

p_1: $y =$ ________

B (−1,5|0,5) $\in p_2$: $y = 2x^2 + 10x + c$

b) Forme die Funktionsgleichungen aus a) mit quadratischer Ergänzung in die Scheitelform um.

p_1: $y = -0{,}5x^2 +$ ____ $+ 2{,}5$

$y = -0{,}5\,($________$) + 2{,}5$

$y = -0{,}5\,($________ + ____$) + 2{,}5$

p_1: ________

p_2: $y = 2x^2 + 10x +$ ____

1 Eine Parabel mit der Gleichung p: $y = -1{,}5x^2 + bx + c$ verläuft durch die Punkte E (2 | 3,5) und T (5 | −1). Die Koeffizienten b und c sollen berechnet werden. Ordne der Beschreibung die Rechenschritte zu.

1. Setze den Punkt E in die Parabelgleichung ein. ⇒ I
2. Setze den Punkt T in die Parabelgleichung ein. ⇒ II
3. Löse I und II nach demselben Koeffizienten auf.
4. Setze I und II gleich und löse die Gleichung.
5. Setze den berechneten Koeffizienten in I oder II ein und berechne den zweiten Koeffizienten.
6. Setze beide Koeffizienten in die Parabelgleichung ein.

- I $9{,}5 - 2b = c$
 II $36{,}5 - 5b = c$
- b = 9 in I: $9{,}5 - 2 \cdot 9 = c$
 $c = -8{,}5$
- E in p: I $3{,}5 = -1{,}5 \cdot 2^2 + b \cdot 2 + c$
- b und c in p: $y = -1{,}5x^2 + 9b - 8{,}5$
- $9{,}5 - 2b = 36{,}5 - 5b$
 $b = 9$
- T in p: II $-1 = -1{,}5 \cdot 5^2 + b \cdot 5 + c$

2 Die Parabel p: $y = ax^2 + 6x + c$ verläuft durch die Punkte L (4 | 0) und A (1 | 4,5).

a) Bestimme die fehlenden Koeffizienten und gib die Parabelgleichung in allgemeiner Form an.

L in p: I ____________________

A in p: II ____________________

I c =

II c =

I = II:

 =

a = ______

a = ______ in II: ____________

c = ______

p: y = ____________

b) Treffe anhand des Koeffizienten a Aussagen über Form und Verlauf der Parabel.

Die Parabel ist ____________

und nach ____________ geöffnet.

c) Entscheide, welche Parabel zur berechneten Parabelgleichung gehört.

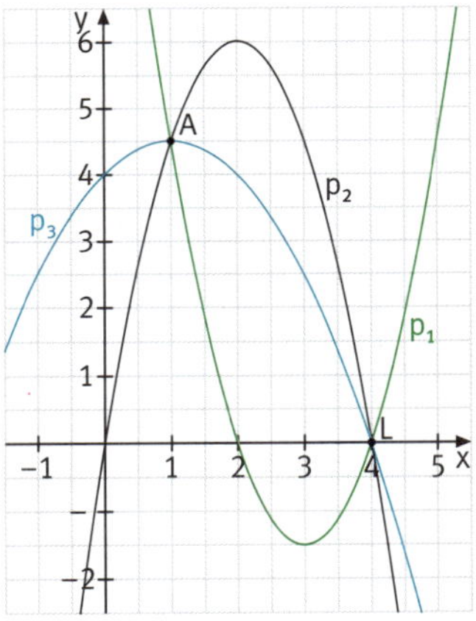

Parabel ______

3 Ordne die passende Parabelgleichung zu und kreise den zugehörigen Scheitelpunkt S ein.

a) p: $y = ax^2 + bx - 3{,}5$
M (4 | 4,5) ∈ p und R (−4 | −3,5) ∈ p

◯ p: $y = -0{,}5x^2 + x + 8{,}5$
◯ p: $y = x^2 - 2x - 3{,}5$
◯ p: $y = 0{,}25x^2 + x - 3{,}5$

(1) $S\left(0 \mid -\frac{7}{2}\right)$ (2) $S\left(-2 \mid -\frac{9}{2}\right)$ (3) $S\left(\frac{1}{4} \mid -\frac{7}{2}\right)$

b) p ist eine verschobene Normalparabel durch H (5 | −1) und D (0,5 | 1,25).

◯ p: $y = -x^2 + 5x + 1$
◯ p: $y = x^2 - 6x + 4$
◯ p: $y = x^2 - 4x - 6$

(1) S (3 | −5) (2) S (−6 | 4) (3) S (0 | −6)

1 **a)** Zeichne die Parabel p mit p: $y = -0{,}5x^2 + 4x - 3$ in das Koordinatensystem.

b) Auf der Parabel p liegen für $x \in]1; 6[$ die Eckpunkte B_n von Drachenvierecken AB_nCD_n. Die Symmetrieachse der Drachenvierecke ist die Gerade AC mit A (6 | 3) und C (1 | 0,5). Zeichne das Drachenviereck AB_1CD_1 für x = 3 ein.

c) Gib die Koordinaten der Punkte B_n in Abhängigkeit von x an.

B_n(x | ______________________)

d) Berechne mithilfe der Vektoren $\overrightarrow{AC}$ und $\overrightarrow{AB_n}$ den Flächeninhalt A (x) der Drachenvierecke AB_nCD_n in Abhängigkeit von x.

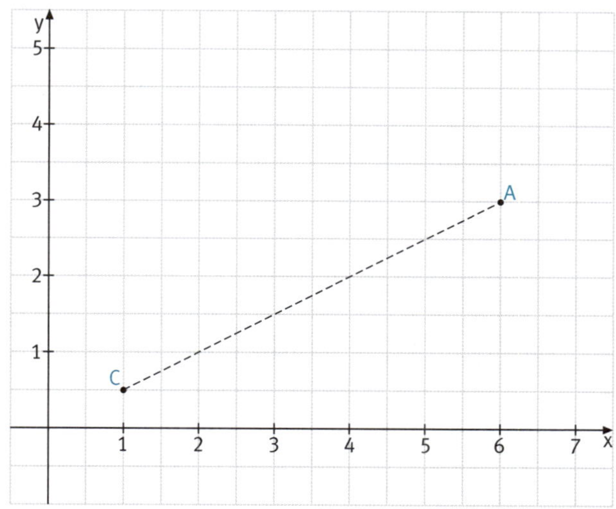

$\overrightarrow{AC} = \begin{pmatrix} \_\_ - \_\_ \\ \_\_ - \_\_ \end{pmatrix} = \begin{pmatrix} \_\_ \\ \_\_ \end{pmatrix}$ $\overrightarrow{AB_n} = \begin{pmatrix} \_\_ - \_\_ \\ \_\_ - \_\_ \end{pmatrix} = \_\_$

$A(x) = 2 \cdot A_{\Delta AB_nC} = 2 \cdot$

e) Unter den Drachenvierecken hat AB_0CD_0 den größten Flächeninhalt A_{max}. Berechne A_{max} und den zugehörigen Wert für x.

f) Kreuze an, welcher Graph qualitativ den Flächeninhalt A (x) der Drachenvierecke in Abhängigkeit von der Abszisse x der Punkte B_n beschreibt. Begründe deine Antwort.

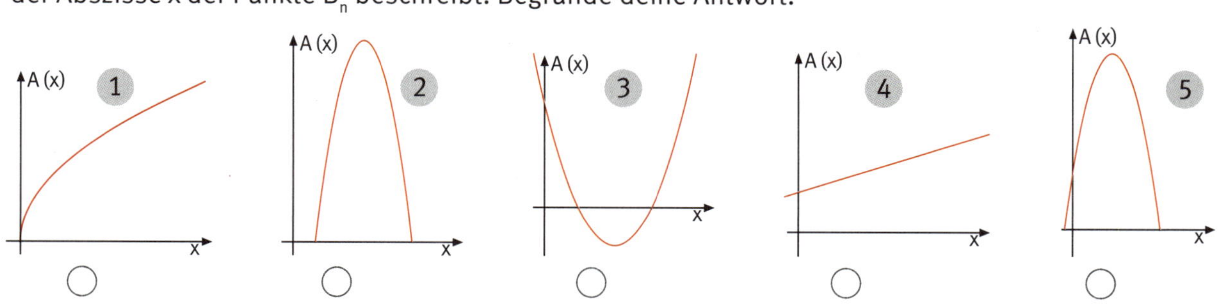

Begründung:

A (x) = (______________________) FE ⇒ a = ________ ⇒ nach ____________ offene ____________

Nullstellen bei x = ______ und x = ______ ⇒ Graph ______

1 a) Kreuze jeweils an, welche Art von Gleichung vorliegt.

	$5x^2 = 10$	$9^2 - 2x = 0$	$2p^2 + 5p = 0$	$a^2 + 4^3 = -2$	$a^3 + 4^2 = -2$
nicht quadratisch					
reinquadratisch					
gemischtquadratisch					

b) Begründe für alle „nicht quadratischen" Gleichungen aus a), weshalb sie nicht quadratisch sind.

____

____

2 Gib zu jeder Gleichung die Anzahl der Lösungen an. Alle Gleichungen haben die Grundmenge $\mathbb{R}$.

a) $x^2 = 18$ **b)** $x^2 = -81$ **c)** $z^2 = 0$ **d)** $p^2 = 0{,}03$

e) $r^2 = \frac{1}{8}$ **f)** $a^2 = \frac{-4}{25}$ **g)** $m^2 = \frac{-7}{-23}$ **h)** $b^2 = \frac{0}{-25}$

3 Bringe die Gleichungen zuerst auf die Form $x^2 = d$, gib dann die Anzahl der Lösungen und die passende Lösungsmenge an ($\mathbb{G} = \mathbb{R}$).

a) $3x^2 = 15$

Anzahl Lösungen:

$\mathbb{L} =$

b) $\frac{4}{9}x^2 - \frac{16}{81} = 0$

Anzahl Lösungen:

$\mathbb{L} =$

c) $-7 + 5{,}3x^2 = -13 + 4{,}3x^2$

Anzahl Lösungen:

$\mathbb{L} =$

4 a) Bestimme die Funktionsgleichung der Parabel p.

____

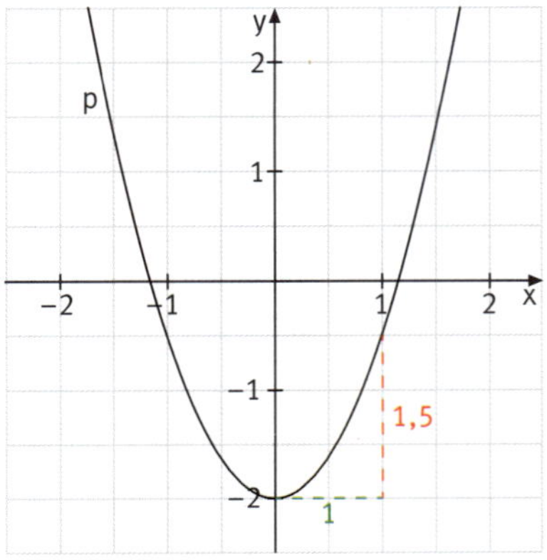

b) Zeichne in das Koordinatensystem die Gerade g: y = 2 .

c) Die Gerade g schneidet die Parabel in P_1 und P_2.
Berechne die x-Koordinaten dieser Schnittpunkte.

g: ______________ } *Gleichsetzen:*

∧ p: ______________ } ______________

Gleichung lösen:

1 Kreuze die Punkte an, die auf der Normalparabel p: $y = x^2$ liegen.
☒ A (3|9) ○ B (2|6) ☒ C (−3|9) ○ D (−2|−4) ○ E (9|3) ☒ F (0|0)

2 Alle Punkte sollen auf der Normalparabel p: $y = x^2$ liegen. Gib, falls möglich, die fehlenden Werte an.

A (−4|_16_) B (2,4|_5,76_) C (−1,2|_1,44_) D (_±4_|16) E (_/_|−16)

F (_$\pm\sqrt{2}$_|2) G (_$\pm\frac{1}{2}$_|$\frac{1}{4}$) H (_/_|$-\sqrt{3}$) I ($3\sqrt{3}$|_27_) J (_±x_|x^2)

3 Entscheide, ob die Punkte auf den Graphen der Funktionen p_1 oder p_2 liegen. Kreuze gegebenenfalls an.

	P (2|−4)	T (−3|9)	A (25|−5)	C (−1|1)	T (0|0)	M ($-\sqrt{5}$|5)	F (−1,5|2,25)	L (0,4|−0,16)
p_1: $y = x^2$		×		×	×	×	×	
p_2: $y = -x^2$	×				×			×

4 Kreuze die richtigen Aussagen zur Parabel p: $y = -x^2$ an.
☒ Bei Spiegelung an der y-Achse sind die Parabel und ihr Bild identisch.
☒ Der Scheitelpunkt hat von allen Punkten der Parabel die höchste y-Koordinate.
☒ Die Parabel hat keine positiven Funktionswerte.
○ Der Punkt B (−2,1|4,41) liegt auf der Parabel.
☒ Die Parabel hat eine einzige Nullstelle.
○ Die Parabel ist punktsymmetrisch zum Scheitelpunkt.
☒ Der Scheitelpunkt liegt bei (0|0).
○ Die Parabel verläuft symmetrisch zur x-Achse.

5 a) Zeichne die Normalparabel p: $y = x^2$ im Intervall $-2,5 \leqq x \leqq 2,5$.

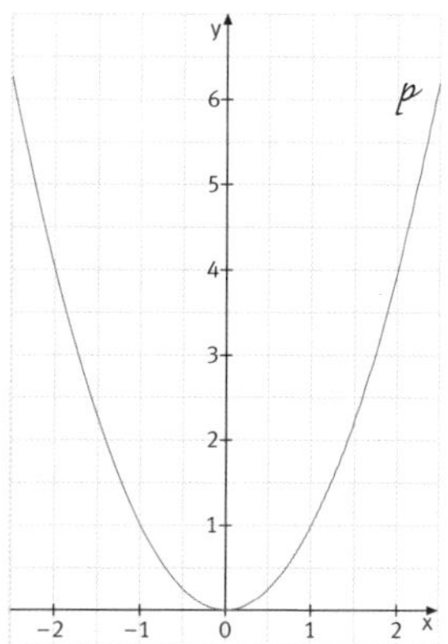

b) Kreuze die richtigen Aussagen an. Der Punkt …
☒ A (−2|−4) liegt unterhalb der Normalparabel.
○ B (3|3) liegt auf der Normalparabel.
☒ C (2|4) liegt auf der Normalparabel.
○ D (2,5|6,25) liegt oberhalb der Normalparabel.
☒ E (−2|6) liegt oberhalb der Normalparabel.
○ F (−1|1,5) liegt unterhalb der Normalparabel.

c) Die Punkte M und N liegen auf der Parabel. Bestimme rechnerisch die fehlenden Koordinaten.

$x = 2\sqrt{3}$ in p: $y = x^2$
$y = (\underline{2\sqrt{3}})^2$
$y = \underline{12}$
M ($2\sqrt{3}$|_12_)

$y = 12,25$ in p: $y = x^2$
$\underline{12,25} = x^2$
$x_1 = \underline{3,5}$ ∨ $x_2 = \underline{-3,5}$
N (_−3,5_|12,25)
oder _N (3,5 | 12,25)_

1 Kreuze an, ob der Graph der Funktion p: $y = ax^2$ nach oben oder nach unten geöffnet ist. Handelt es sich um eine gestreckte oder gestauchte Parabel?

Funktionsgleichung	a) $y = 0,2x^2$	b) $y = -1,2x^2$	c) $y = -\frac{2}{3}x^2$	d) $y = \frac{7}{5}x^2$	e) $y = -x^2$	f) $y = 2\frac{1}{7}x^2$
nach oben geöffnet	☒	○	○	☒	○	☒
nach unten geöffnet	○	☒	☒	○	☒	○
gestreckt	○	☒	○	☒	○	☒
gestaucht	☒	○	☒	○	○	○

2 a) Ordne die Graphen den passenden Funktionsgleichungen zu.

p_2	: $y = -0,2x^2$	p_5	: $y = -2x^2$
p_6	: $y = 1,2x^2$	p_4	: $y = \frac{1}{3}x^2$
p_1	: $y = -x^2$	p_3	: $y = 2,5x^2$

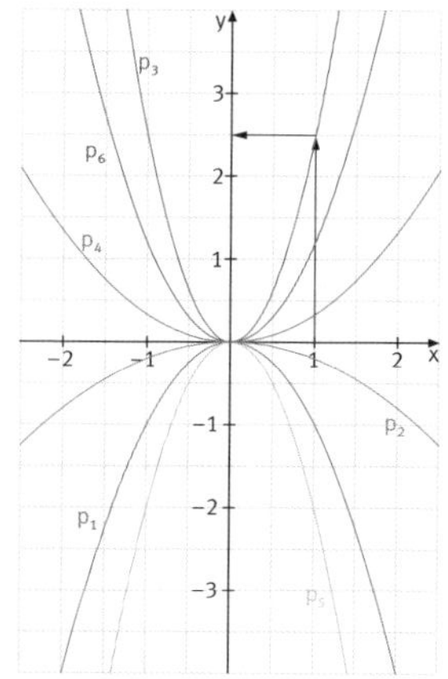

b) Überprüfe rechnerisch, ob die Punkte A und B auf p_2 liegen.
A (4|−3,2) B (0|−0,2)

A in p_2: $y = -0,2x^2$
$-3,2 = -0,2 \cdot 4^2$
$-3,2 = -3,2$

Die Aussage ist …
☒ wahr. ○ falsch.
⇒ ☒ $A \in p_2$ ○ $A \notin p_2$

B in p_2: $y = -0,2x^2$
$-0,2 = -0,2 \cdot 0^2$
$-0,2 = 0$

Die Aussage ist …
○ wahr. ☒ falsch.
⇒ ○ $B \in p_2$ ☒ $B \notin p_2$

3 Die Punkte Q liegen auf Parabeln der Form p: $y = ax^2$ ($a \in \mathbb{R}\setminus\{0\}$). Berechne (im Kopf oder auf einem Extrablatt) den Wert der Formvariable a und gib die Parabelgleichung an.

a) Q (3|−9): $y = -x^2$
b) Q (−2|6): $y = 1,5x^2$
c) Q (−3|−63): $y = -7x^2$
d) Q (6|12): $y = \frac{1}{3}x^2$
e) Q (10|−80): $y = -0,8x^2$
f) Q (−2|1,5): $y = \frac{3}{8}x^2$
g) Q (0,2|0,8): $y = 20x^2$
h) Q (7|−196): $y = -4x^2$
i) Q (9|48,6): $y = \frac{3}{5}x^2$

4 Vervollständige die Wertetabelle und zeichne die Parabeln p_1 und p_2 in das Koordinatensystem.

x	−3	−2	−1	0	1	2	3
p_1: $y = -0,1x^2$	−0,9	−0,4	−0,1	0	−0,1	−0,4	−0,9
p_2: $y = \frac{2}{5}x^2$	3,6	1,6	0,4	0	0,4	1,6	3,6

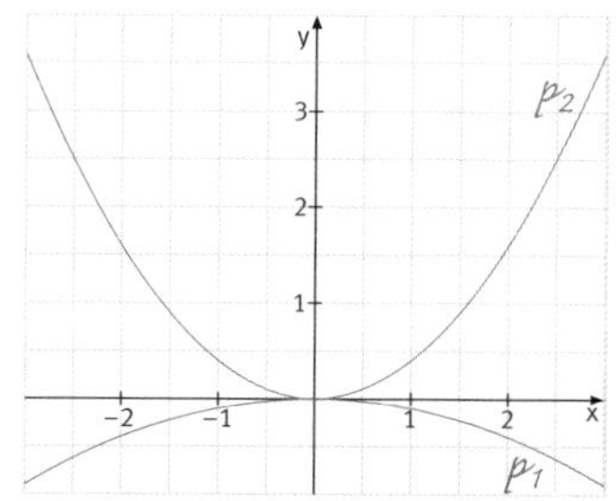

1 Gegeben sind Parabeln. Kreuze jeweils die zugehörige Funktionsgleichung an.

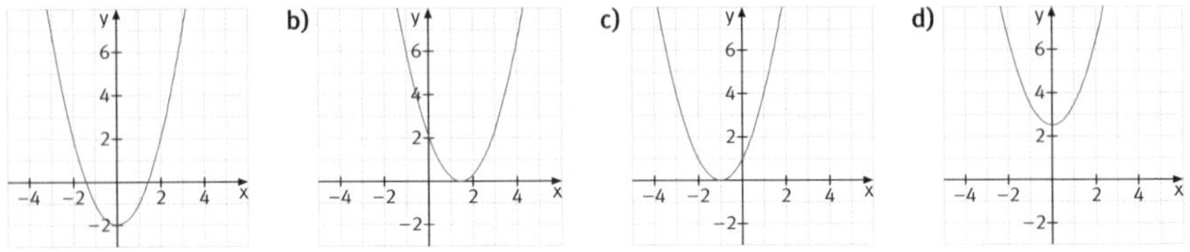

a)
- ○ p: $y = x^2 + 2$
- ⊗ p: $y = x^2 - 2$
- ○ p: $y = (x + 2)^2$
- ○ p: $y = (x - 2)^2$

b)
- ○ p: $y = x^2 + 1{,}5$
- ○ p: $y = x^2 - 1{,}5$
- ○ p: $y = (x + 1{,}5)^2$
- ⊗ p: $y = (x - 1{,}5)^2$

c)
- ○ p: $y = x^2 + 1$
- ○ p: $y = x^2 - 1$
- ⊗ p: $y = (x + 1)^2$
- ○ p: $y = (x - 1)^2$

d)
- ⊗ p: $y = x^2 + 2{,}5$
- ○ p: $y = x^2 - 2{,}5$
- ○ p: $y = (x + 2{,}5)^2$
- ○ p: $y = (x - 2{,}5)^2$

2 Die Parabeln sind verschobene Normalparabeln. Gib jeweils die Funktionsgleichung an.

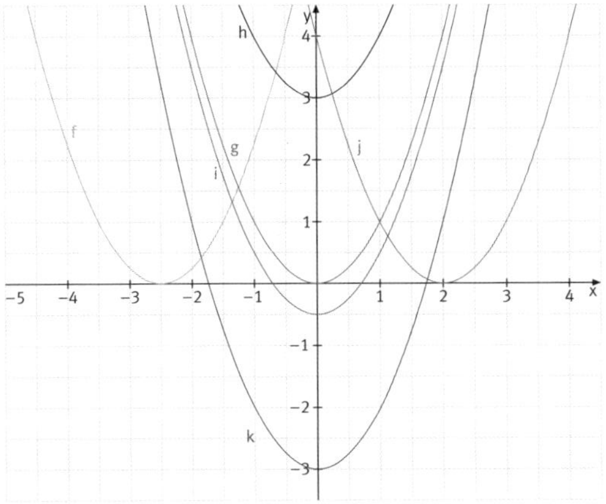

f: $y = (x + 2{,}5)^2$

g: $y = x^2$

h: $y = x^2 + 3$

i: $y = x^2 - 0{,}5$

j: $y = (x - 2)^2$

k: $y = x^2 - 3$

3 Gib zu jeder Funktionsgleichung die Koordinaten des Scheitelpunktes S an und ordne die passenden Graphen zu.

$y = (x - 2)^2 + 1$	$y = (x + 1)^2 - 2$	$y = (x + 1)^2 + 2$	$y = (x - 1)^2 - 2$	$y = (x + 2)^2 - 1$
S(2 | 1)	S(−1 | −2)	S(−1 | 2)	S(1 | −2)	S(−2 | −1)

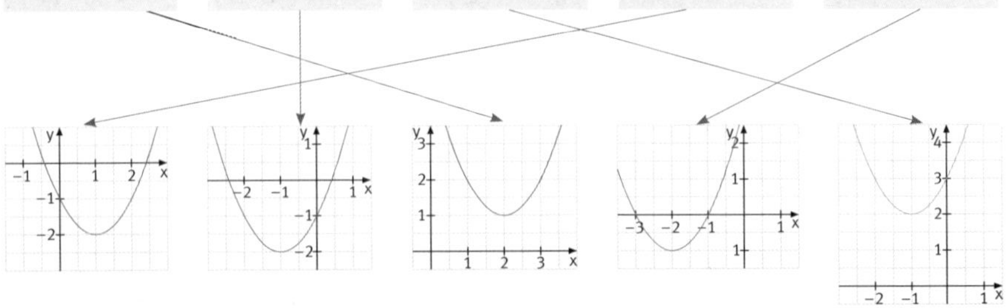

1 Bestimme die fehlenden Scheitelkoordinaten, Koeffizienten a bzw. Parabelgleichungen. Entscheide dann mithilfe der Lage des Scheitels und der Öffnungsrichtung, wie viele Nullstellen die Parabel besitzt.

		Scheitel	a = …	Der Scheitel liegt … der x-Achse.	Die Parabel ist nach … geöffnet.	Anzahl der Nullstellen
a)	$y = -0{,}2\,(x + 3)^2 + 7$	S(−3 | 7)	−0,2	⊗ über ○ unter ○ auf	○ oben ⊗ unten	○ 0 ○ 1 ⊗ 2
b)	$y = 4\,(x - 8)^2 + 1$	S(8 | 1)	4	⊗ über ○ unter ○ auf	⊗ oben ○ unten	⊗ 0 ○ 1 ○ 2
c)	$y = -5\,(x + 2)^2$	S(−2|0)	−5	○ über ○ unter ⊗ auf	○ oben ⊗ unten	○ 0 ⊗ 1 ○ 2
d)	$y = (x - 4)^2 - 6$	S(4|−6)	1	○ über ⊗ unter ○ auf	⊗ oben ○ unten	○ 0 ○ 1 ⊗ 2
e)	$y = -1{,}2x^2 - 9$	S(0 | −9)	−1,2	○ über ⊗ unter ○ auf	○ oben ⊗ unten	⊗ 0 ○ 1 ○ 2

2 Berechne die Nullstellen und den Schnittpunkt Q mit der y-Achse. Nutze gegebenenfalls ein Extrablatt.

a) p: $y = -2x^2 + 18$

$y = 0$ in p: $0 = -2x^2 + 18$ | − 18

$-18 = -2x^2$ |: (−2)

$9 = x^2$

Nullstellen: $x = -3$ oder $x = 3$

$x = 0$ in p: $y = -2 \cdot 0^2 + 18$

$y = 18$

Schnittpunkt mit der y-Achse: Q(0 | 18)

b) p: $y = (x + 1{,}5)^2$

Nullstelle: $x = -1{,}5$

Schnittpunkt mit der y-Achse: Q (0 | 2,25)

c) p: $y = 0{,}5x^2 + 3$

Nullstellen: keine ($x = \pm\sqrt{-6}$ ↯)

Schnittpunkt mit der y-Achse: Q (0 | 3)

3 Die Parabel p_1: $y = -0{,}5\,(x - 2)^2 + 4$ wird durch Parallelverschiebung mit dem Vektor $\vec{v} = \binom{0{,}5}{-2{,}5}$ auf die Parabel p_2 abgebildet.

a) Vervollständige die Aussage über die Koeffizienten a_1 und a_2 der beiden Parabelgleichungen.

$a_1 = -0{,}5 \Rightarrow a_2 = -0{,}5$

b) Lies die Koordinaten des Scheitelpunktes S_1 ab und ermittle die Koordinaten seines Bildpunktes S_2.

$S_1(2 \mid 4) \xrightarrow{\vec{v} = \binom{0{,}5}{-2{,}5}} S_2(2{,}5 \mid 1{,}5)$

c) Vervollständige die Gleichung der Parabel p_2.

p_2: $y = -0{,}5\,(x - 2{,}5)^2 + 1{,}5$

d) Zeichne die Parabel p_2 in das Koordinatensystem ein und überprüfe deine Zeichnung mithilfe von mindestens drei geschickt gewählten Repräsentanten des Verschiebungsvektors.

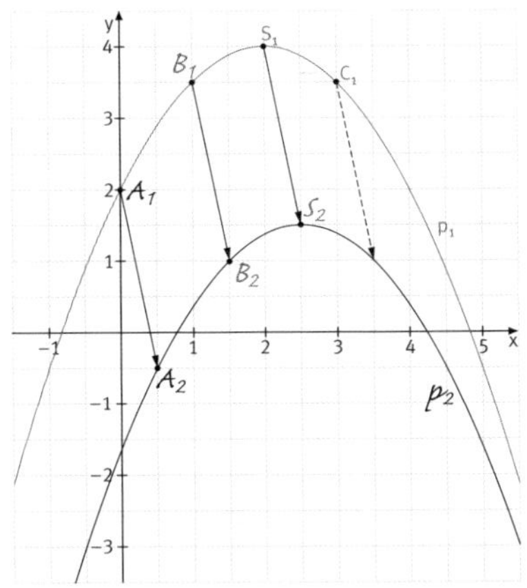

1 Lies die Koeffizienten a, b und c aus der Parabelgleichung ab und berechne mithilfe der Scheitelformel $S\left(-\frac{b}{2a} \middle| c - \frac{b^2}{4a}\right)$ die Koordinaten des Scheitelpunktes S.

a) p: $y = 0{,}5x^2 + 3x + 2{,}5$

a = 0,5 b = 3 c = 2,5

$S\left(-\frac{3}{2 \cdot 0{,}5} \middle| 2{,}5 - \frac{3^2}{4 \cdot 0{,}5}\right)$

$S(-3 \mid -2)$

b) p: $y = -x^2 + x - 1{,}75$

a = −1 b = 1 c = −1,75

$S\left(-\frac{1}{2 \cdot (-1)} \middle| -1{,}75 - \frac{1^2}{4 \cdot (-1)}\right)$

$S(0{,}5 \mid -1{,}5)$

2 Bestimme die Werte der Koeffizienten a, b und c und berechne (ggf. auf einem Extrablatt) die Koordinaten des Scheitels S. Gib dann die Parabelgleichung in Scheitelform an.

	allgemeine Form	Scheitelpunkt	Scheitelform
a)	p: $y = -2x^2 + 4x - 1$ a = −2 b = 4 c = −1	$S(1 \mid 1)$	p: $y = -2 \cdot (x - 1)^2 + 1$
b)	p: $y = 0{,}1x^2 + 0{,}4x + 1{,}9$ a = 0,1 b = 0,4 c = 1,9	$S(-2 \mid 1{,}5)$	p: $y = 0{,}1(x + 2)^2 + 1{,}5$
c)	p: $y = \frac{1}{6}x^2 - x$ $a = \frac{1}{6}$ $b = -1$ $c = 0$	$S(3 \mid -1{,}5)$	p: $y = \frac{1}{6}(x - 3)^2 - 1{,}5$
d)	p: $y = -0{,}7x^2 + 7x - 17{,}5$ $a = -0{,}7$ $b = 7$ $c = -17{,}5$	$S(5 \mid 0)$	p: $y = -0{,}7(x - 5)^2$

3 Lies aus der Parabelgleichung die Koordinaten des Scheitels, die Gleichung der Symmetrieachse h und die Wertemenge der Funktion ab. Gib dann die Parabelgleichung in der allgemeinen Form an und zeichne den Graphen sowie die Symmetrieachse h.

a) p: $y = 0{,}4(x + 2)^2 - 3$

$S(-2 \mid -3)$

h: $x = -2$ $W = \{y \mid y \geq -3\}$

allg. Form: p: $y = 0{,}4x^2 + 1{,}6x - 1{,}4$

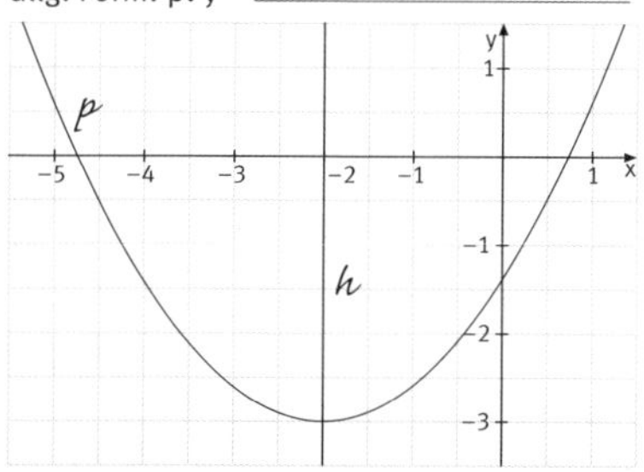

b) p: $y = -0{,}2(x + 1{,}5)^2 + 1$

$S(-1{,}5 \mid 1)$

h: $x = -1{,}5$ $W = \{y \mid y \leq 1\}$

allg. Form: p: $y = -0{,}2x^2 - 0{,}6x + 0{,}55$

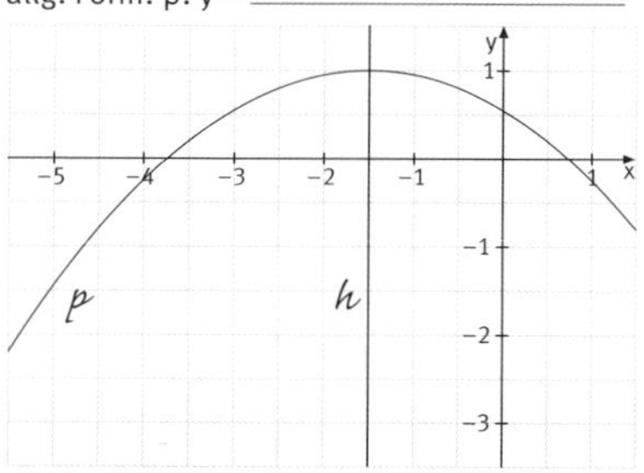

1 Bestimme zunächst die Parabelgleichung in Scheitelform und dann in der allgemeinen Form.

	a)	b)	c)
	a = −7; Scheitel S (0,5 | 9)	verschobene Normalparabel mit S (−2 | 6) ⇒ a = 1	p: $y = 2{,}5x^2 + bx + c$ mit Scheitel S (−4 | −7) ⇒ a = 2,5
Scheitelform	$y = -7 \cdot (x - 0{,}5)^2 + 9$	$y = 1 \cdot (x + 2)^2 + 6$	$y = 2{,}5(x + 4)^2 - 7$
Rechnung	$y = -7(x^2 - x + 0{,}25) + 9$	$y = (x^2 + 4x + 4) + 6$	$y = 2{,}5(x^2 + 8x + 16) - 7$
allgemeine Form	$y = -7x^2 + 7x + 7{,}25$	$y = x^2 + 4x + 10$	$y = 2{,}5x^2 + 20x + 33$

2 Die Parabeln mit Scheitel S verlaufen durch den Punkt P. Berechne den Koeffizienten a und gib die Scheitelform der Parabelgleichung an.

a) S (−2 | −3,5) und P (0,5 | −8,5)

S in p: $y = a(x + 2)^2 - 3{,}5$

P in p: $-8{,}5 = a(0{,}5 + 2)^2 - 3{,}5$ | + 3,5

$-5 = a \cdot 6{,}25$ | : 6,25

$a = -0{,}8$

Scheitelform: p: $y = -0{,}8(x + 2)^2 - 3{,}5$

b) S (10 | −4) und P (8 | 2)

S in p: $y = a \cdot (x - 10)^2 - 4$

P in p: $2 = a \cdot (8 - 10)^2 - 4$ | + 4

$6 = a \cdot 4$ | : 4

$a = 1{,}5$

p_2: $y = 1{,}5(x - 10)^2 - 4$

3 Die Parabeln p_1 und p_2 mit Gleichungen der Form p: $y = ax^2 + bx + c$ verlaufen durch die Punkte A bzw. B.

a) Berechne die fehlenden Koeffizienten und gib die Parabel in der allgemeinen Form an.

A (3|1) ∈ p_1: $y = -0{,}5x^2 + bx + 2{,}5$

A in p: $1 = -0{,}5 \cdot 3^2 + b \cdot 3 + 2{,}5$

$1 = 3b - 2$ | + 2

$3 = 3b$ | : 3

$b = 1$

p_1: $y = -0{,}5x^2 + x + 2{,}5$

B (−1,5|0,5) ∈ p_2: $y = 2x^2 + 10x + c$

B in p: $0{,}5 = 2 \cdot (-1{,}5)^2 + 10 \cdot (-1{,}5) + c$

$0{,}5 = c - 10{,}5$ | + 10,5

$c = 11$

p_2: $y = 2x + 10x + 11$

b) Forme die Funktionsgleichungen aus a) mit quadratischer Ergänzung in die Scheitelform um.

p_1: $y = -0{,}5x^2 + x + 2{,}5$

$y = -0{,}5(x^2 - 2x) + 2{,}5$

$y = -0{,}5(x^2 - 2x + 1^2 - 1^2) + 2{,}5$

p_1: $y = -0{,}5(x - 1)^2 + 3$

p_2: $y = 2x^2 + 10x + 11$

$y = 2(x^2 + 5x) + 11$

$y = 2(x^2 + 5x + 2{,}5^2 - 2{,}5^2) + 11$

p_2: $y = 2(x + 2{,}5)^2 - 1{,}5$

1 Eine Parabel mit der Gleichung p: $y = -1{,}5x^2 + bx + c$ verläuft durch die Punkte E (2 | 3,5) und T (5 | −1). Die Koeffizienten b und c sollen berechnet werden. Ordne der Beschreibung die Rechenschritte zu.

Beschreibung	Rechenschritt
1 Setze den Punkt E in die Parabelgleichung ein. ⇒ I	I $9{,}5 - 2b = c$ II $36{,}5 - 5b = c$
2 Setze den Punkt T in die Parabelgleichung ein. ⇒ II	$b = 9$ in I: $9{,}5 - 2 \cdot 9 = c$ $c = -8{,}5$
3 Löse I und II nach demselben Koeffizienten auf.	E in p: I $3{,}5 = -1{,}5 \cdot 2^2 + b \cdot 2 + c$
4 Setze I und II gleich und löse die Gleichung.	b und c in p: $y = -1{,}5x^2 + 9b - 8{,}5$
5 Setze den berechneten Koeffizienten in I oder II ein und berechne den zweiten Koeffizienten.	$9{,}5 - 2b = 36{,}5 - 5b$ $b = 9$
6 Setze beide Koeffizienten in die Parabelgleichung ein.	T in p: II $-1 = -1{,}5 \cdot 5^2 + b \cdot 5 + c$

2 Die Parabel p: $y = ax^2 + 6x + c$ verläuft durch die Punkte L (4 | 0) und A (1 | 4,5).

a) Bestimme die fehlenden Koeffizienten und gib die Parabelgleichung in allgemeiner Form an.

L in p: I $0 = a \cdot 4^2 + 6 \cdot 4 + c$

A in p: II $4{,}5 = a \cdot 1^2 + 6 \cdot 1 + c$

I $c = -16a - 24$

II $c = -a - 1{,}5$

I = II:

$-16a - 24 = -a - 1{,}5$

$a = -1{,}5$

$a = -1{,}5$ in II: $c = 1{,}5 - 1{,}5$

$c = 0$

p: $y = -1{,}5x^2 + 6x + 0$

b) Treffe anhand des Koeffizienten a Aussagen über Form und Verlauf der Parabel.

Die Parabel ist *gestreckt*

und nach *unten* geöffnet.

c) Entscheide, welche Parabel zur berechneten Parabelgleichung gehört.

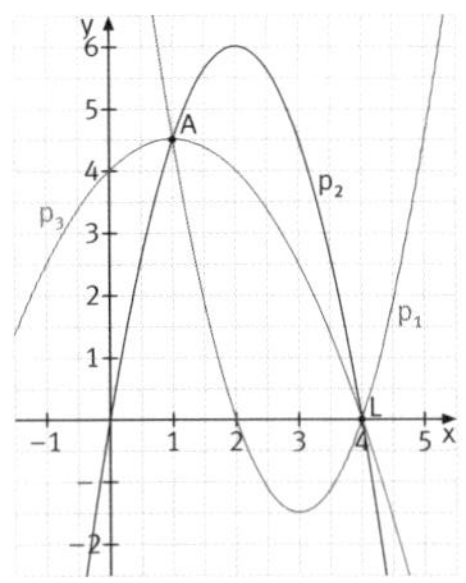

Parabel p_2

3 Ordne die passende Parabelgleichung zu und kreise den zugehörigen Scheitelpunkt S ein.

a) p: $y = ax^2 + bx - 3{,}5$
M (4 | 4,5) ∈ p und R (−4 | −3,5) ∈ p

◯ p: $y = -0{,}5x^2 + x + 8{,}5$
◯ p: $y = x^2 - 2x - 3{,}5$
⊗ p: $y = 0{,}25x^2 + x - 3{,}5$

1 S $(0 | -\frac{7}{2})$ (2 S $(-2 | -\frac{9}{2})$) 3 S $(\frac{1}{4} | -\frac{7}{2})$

b) p ist eine verschobene Normalparabel durch H (5 | −1) und D (0,5 | 1,25).

◯ p: $y = -x^2 + 5x + 1$
⊗ p: $y = x^2 - 6x + 4$
◯ p: $y = x^2 - 4x - 6$

(1 S (3 | −5)) 2 S (−6 | 4) 3 S (0 | −6)

1 a) Zeichne die Parabel p mit p: $y = -0{,}5x^2 + 4x - 3$ in das Koordinatensystem.

b) Auf der Parabel p liegen für x ∈]1; 6[die Eckpunkte B_n von Drachenvierecken AB_nCD_n. Die Symmetrieachse der Drachenvierecke ist die Gerade AC mit A (6 | 3) und C (1 | 0,5). Zeichne das Drachenviereck AB_1CD_1 für x = 3 ein.

c) Gib die Koordinaten der Punkte B_n in Abhängigkeit von x an.

$B_n(x \mid -0{,}5x^2 + 4x - 3)$

d) Berechne mithilfe der Vektoren $\overrightarrow{AC}$ und $\overrightarrow{AB_n}$ den Flächeninhalt A (x) der Drachenvierecke AB_nCD_n in Abhängigkeit von x.

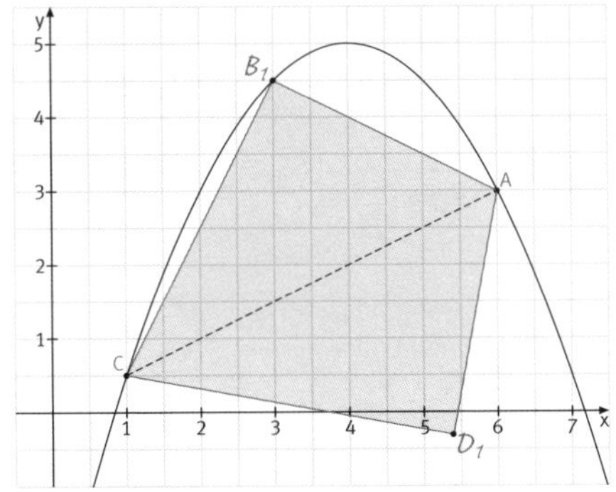

$\overrightarrow{AC} = \begin{pmatrix} 1 - 6 \\ 0{,}5 - 3 \end{pmatrix} = \begin{pmatrix} -5 \\ -2{,}5 \end{pmatrix}$ $\overrightarrow{AB_n} = \begin{pmatrix} x - 6 \\ -0{,}5x^2 + 4x - 3 - 3 \end{pmatrix} = \begin{pmatrix} x - 6 \\ -0{,}5x^2 + 4x - 6 \end{pmatrix}$

$A(x) = 2 \cdot A_{\Delta AB_nC} = 2 \cdot \frac{1}{2} \begin{vmatrix} x - 6 & -5 \\ -0{,}5x^2 + 4x - 6 & -2{,}5 \end{vmatrix}$ FE

$= [-2{,}5(x - 6) + 5(-0{,}5x^2 + 4x - 6)]$ FE

$= (-2{,}5x + 15 - 2{,}5x^2 + 20x - 30)$ FE $= (-2{,}5x^2 + 17{,}5x - 15)$ FE

e) Unter den Drachenvierecken hat AB_0CD_0 den größten Flächeninhalt A_{max}. Berechne A_{max} und den zugehörigen Wert für x.

$A(x) = [-2{,}5(x^2 - 7x) - 15]$ FE

$= [-2{,}5(x^2 - 7x + 3{,}5^2 - 3{,}5^2) - 15]$ FE

$= [-2{,}5 \quad (x - 3{,}5)^2 \quad + 30{,}625 - 15]$ FE

$A_{max} = 15{,}625$ FE für $x = 3{,}5$

f) Kreuze an, welcher Graph qualitativ den Flächeninhalt A (x) der Drachenvierecke in Abhängigkeit von der Abszisse x der Punkte B_n beschreibt. Begründe deine Antwort.

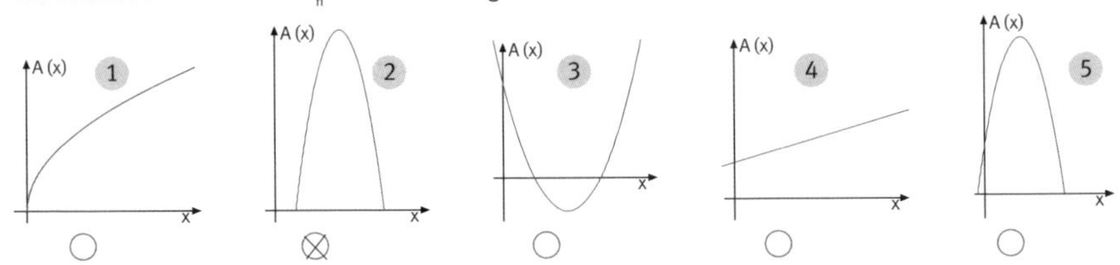

◯ 1 ⊗ 2 ◯ 3 ◯ 4 ◯ 5

Begründung:

A (x) = ($-2{,}5x^2 + 17{,}5x - 15$) FE ⇒ a = $-2{,}5$ ⇒ nach *unten* offene *Parabel*

Nullstellen bei x = *1* und x = *6* ⇒ Graph *2*

1 a) Kreuze jeweils an, welche Art von Gleichung vorliegt.

	$5x^2 = 10$	$9^2 - 2x = 0$	$2p^2 + 5p = 0$	$a^2 + 4^3 = -2$	$a^3 + 4^2 = -2$
nicht quadratisch		×			×
reinquadratisch	×			×	
gemischtquadratisch			×		

b) Begründe für alle „nicht quadratischen" Gleichungen aus a), weshalb sie nicht quadratisch sind.

$9^2 - 2x = 0$: Die Zahl 9 wird quadriert, aber nicht die Variable (linear!).

$a^3 + 4^2 = -2$: Die Variable ist nicht quadratisch (Exponent 3!).

2 Gib zu jeder Gleichung die Anzahl der Lösungen an. Alle Gleichungen haben die Grundmenge ℝ.

a) $x^2 = 18$ *2* b) $x^2 = -81$ *0* c) $z^2 = 0$ *1* d) $p^2 = 0{,}03$ *2*

e) $r^2 = \frac{1}{8}$ *2* f) $a^2 = \frac{-4}{25}$ *0* g) $m^2 = \frac{-7}{-23}$ *2* h) $b^2 = \frac{0}{-25}$ *1*

3 Bringe die Gleichungen zuerst auf die Form $x^2 = d$, gib dann die Anzahl der Lösungen und die passende Lösungsmenge an ($\mathbb{G} = \mathbb{R}$).

a) $3x^2 = 15$ $\quad | :3$

$x^2 = 5$

Anzahl Lösungen: *2*

$\mathbb{L} = \{-\sqrt{5}; \sqrt{5}\}$

b) $\frac{4}{9}x^2 - \frac{16}{81} = 0$ $\quad | + \frac{16}{81}$

$\frac{4}{9}x^2 = \frac{16}{81}$ $\quad | : \frac{4}{9}$

$x^2 = \frac{4}{9}$

Anzahl Lösungen: *2*

$\mathbb{L} = \{-\frac{2}{3}; \frac{2}{3}\}$

c) $-7 + 5{,}3x^2 = -13 + 4{,}3x^2$ $\quad | - 4{,}3x^2$

$-7 + x^2 = -13$ $\quad | + 7$

$x^2 = -6$

Anzahl Lösungen: *0*

$\mathbb{L} = \emptyset$

4 a) Bestimme die Funktionsgleichung der Parabel p.

$p: y = 1{,}5x^2 - 2$

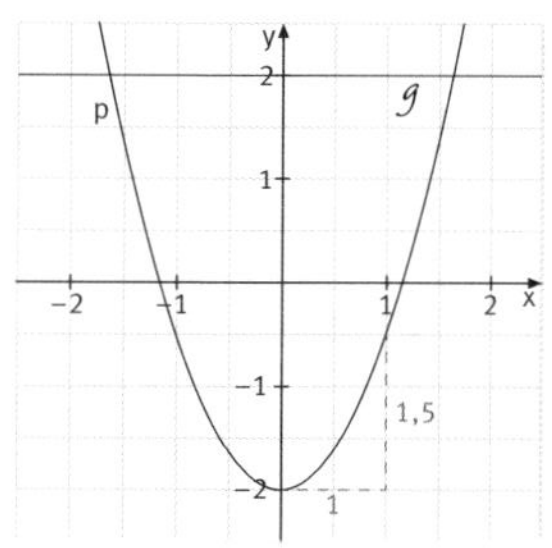

b) Zeichne in das Koordinatensystem die Gerade g: y = 2 .
c) Die Gerade g schneidet die Parabel in P_1 und P_2. Berechne die x-Koordinaten dieser Schnittpunkte.

g: *$y = 2$*
∧ p: *$y = 1{,}5x^2 - 2$*
Gleichsetzen: $2 = 1{,}5x^2 - 2$ $\quad | + 2$

Gleichung lösen:

$4 = 1{,}5x^2$ $\quad | : 1{,}5$

$x^2 = \frac{8}{3}$

$x_{1/2} = \pm\sqrt{\frac{8}{3}}$

$x_1 = -\sqrt{\frac{8}{3}} \lor x_2 = \sqrt{\frac{8}{3}}$

$\mathbb{L} = \{-\sqrt{\frac{8}{3}}; \sqrt{\frac{8}{3}}\}$

1 a) Vervollständige den Satz:
Ein Produkt ist dann null, wenn mindestens ein *Faktor* den Wert *NULL* hat.

b) Kreuze die Lösungen der quadratischen Gleichungen an und notiere die Lösungsmenge ($\mathbb{G} = \mathbb{R}$).

1. $(x - 7) \cdot x = 0$ — ○ $x = -7$ ⊗ $x = 0$ ⊗ $x = 7$ ○ $x = \sqrt{7}$ — $\mathbb{L} = \{0; 7\}$
2. $(3{,}5 + x) \cdot (x - 2{,}8) = 0$ — ⊗ $x = 2{,}8$ ○ $x = 3{,}5$ ○ $x = 0$ ⊗ $x = -3{,}5$ — $\mathbb{L} = \{-3{,}5; 2{,}8\}$
3. $(x + 8)^2 = 0$ — ○ $x = 0$ ⊗ $x = -8$ ○ $x = 8^2$ ○ $x = 8$ — $\mathbb{L} = \{-8\}$

c) Faktorisiere den Linksterm (durch Ausklammern bzw. Anwendung der binomischen Formeln). Lies dann die Lösung(en) für $\mathbb{G} = \mathbb{R}$ ab.

	Gleichung	faktorisiert	Lösung(en)	Lösungsmenge
a)	$x^2 + 11x = 0$	$x \cdot (x + 11) = 0$	$x_1 = 0 \lor x_2 = -11$	$\mathbb{L} = \{-11; 0\}$
b)	$y^2 - 9y + 20{,}25 = 0$	$(y - 4{,}5)^2 = 0$	$y = 4{,}5$	$\mathbb{L} = \{4{,}5\}$
c)	$z^2 - 40{,}96 = 0$	$(z - 6{,}4) \cdot (z + 6{,}4) = 0$	$z_1 = 6{,}4 \lor z_2 = -6{,}4$	$\mathbb{L} = \{-6{,}4; 6{,}4\}$

2 Bringe die quadratische Gleichung mithilfe von quadratischer Ergänzung auf die Form $(x + a)^2 = d$ und gib dann die Lösungsmenge an.

a) $x^2 - 8x + 14 = -2x + 3$ $\quad | + 2x \quad | -3$

$x^2 - 6x + 11 = 0$

$x^2 - 6x + 3^2 - 3^2 + 11 = 0$

$(x - 3)^2 + 2 = 0$ $\quad | -2$

$(x - 3)^2 = -2$

$d < 0 \Rightarrow \mathbb{L} = \emptyset$

b) $-0{,}2x^2 - 0{,}8x + 4{,}2 = 0$ $\quad | : (-0{,}2)$

$x^2 + 4x - 21 = 0$

$x^2 + 4x + 2^2 - 2^2 - 21 = 0$

$(x + 2)^2 - 25 = 0$ $\quad | + 25$

$(x + 2)^2 = 25$ $\quad | \sqrt{\ }$

$x + 2 = \pm 5$ $\quad | - 2$

$x_1 = 3 \lor x_2 = -7 \Rightarrow \mathbb{L} = \{-7; 3\}$

3 Bringe die quadratische Gleichung (ggf. auf einem Extrablatt) auf Normalform. Zeichne dann den zugehörigen Graphen der Funktion und bestimme die Lösungsmenge durch Ablesen der Nullstellen.

$0{,}25\,(5 - 12x^2) = -x\,(3{,}25x - 1{,}5)$

Normalform:
$x^2 - 6x + 5 = 0$

zugehörige Funktion:
$p: y = x^2 - 6x + 5$

Nullstellen:
$x_1 = 1 \lor x_2 = 5$

Lösungsmenge:
$\mathbb{L} = \{1; 5\}$

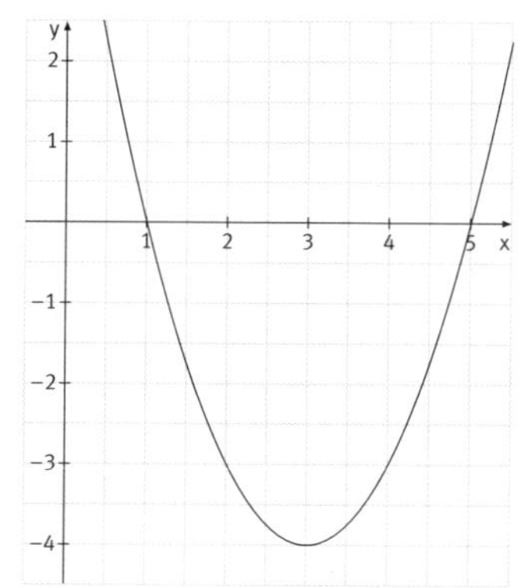

1 Die folgenden quadratischen Gleichungen sind in der allgemeinen Form $ax^2 + bx + c = 0$ gegeben. Lies die Koeffizienten a, b und c ab. Berechne dann den Wert der Diskriminante D und gib die Anzahl der Lösungen an ($\mathbb{G} = \mathbb{R}$).

	quadratische Gleichung	Koeffizienten	Diskriminante $D = b^2 - 4ac$	Anzahl der Lösungen
a)	$x^2 - 2x - 3 = 0$	a = *1* b = *−2* c = *−3*	*$D = (-2)^2 - 4 \cdot 1 \cdot (-3) = 16$*	*2*
b)	$-2x^2 - 8 = 0$	a = *−2* b = *0* c = *−8*	*$D = 0 - 4 \cdot (-2) \cdot (-8) = -64$*	*0*
c)	$1{,}5x^2 - 9x + 13{,}5 = 0$	*a = 1,5 b = −9 c = 13,5*	*$D = (-9)^2 - 4 \cdot 1{,}5 \cdot 13{,}5 = 0$*	*1*
d)	$-x^2 + 3x = 0$	*a = −1 b = 3 c = 0*	*$D = 3^2 - 4 \cdot (-1) \cdot 0 = 9$*	*2*

2 Forme die quadratischen Gleichungen (ggf. auf einem Extrablatt) in die allgemeine Form $ax^2 + bx + c = 0$ um und bestimme die Diskriminante sowie die Anzahl der Lösungen ($\mathbb{G} = \mathbb{R}$).

a) $-35x - 122{,}5 - 2{,}5x^2 = 0$

allgem. Form: *$-2{,}5x^2 - 35x - 122{,}5 = 0$*

a = *−2,5* b = *−35* c = *−122,5*

D = *$(-35)^2 - 4 \cdot (-2{,}5) \cdot (-122{,}5) = 0$*

Anzahl der Lösungen: *1 (D = 0)*

b) $(2x - 1)(5 + x) = (0{,}5x + 4)(x - 3)$

allgem. Form: *$1{,}5x^2 + 6{,}5x + 7 = 0$*

a = *1,5* b = *6,5* c = *7*

D = *$6{,}5^2 - 4 \cdot 1{,}5 \cdot 7 = 0{,}25$*

Anzahl der Lösungen: *2 (D > 0)*

3 Berechne den Wert der fehlenden Koeffizienten so, dass die Gleichung die angegebene Anzahl von Lösungen hat ($\mathbb{G} = \mathbb{R}$).

$ax^2 + 4x - 6 = 0$ (1 Lösung)

a = *a* b = *4* c = *−6*

D = *$4^2 - 4 \cdot a \cdot (-6)$* = *16 + 24a*

1 Lösung ⇒ *D* = 0

16 + 24a = 0 | *−16* | *: 24*

a = *$-\frac{2}{3}$*

$5x^2 - 6x + c = 0$ (keine Lösung)

a = *5* b = *−6* c = *c*

D = *$(-6)^2 - 4 \cdot 5 \cdot c$* = *36 − 20c*

keine Lösung ⇒ *D < 0*

36 − 20c < 0 | *+ 20c* | *: 20*

c > 1,8

4 Bestimme zuerst die Diskriminante und dann die Lösungsmenge ($\mathbb{G} = \mathbb{R}$).

a) $-0{,}4x^2 + 4{,}8x + 2{,}5 = 0$

a = *−0,4* b = *4,8* c = *2,5*

$D = 4{,}8^2 - 4 \cdot (-0{,}4) \cdot 2{,}5 = 27{,}04$

$x_{1/2} = \frac{-b \pm \sqrt{D}}{2a} = \frac{-4{,}8 \pm \sqrt{27{,}04}}{2 \cdot (-0{,}4)}$

x_1 = *−0,5* ∨ x_2 = *12,5*

$\mathbb{L} = \{-0{,}5; 12{,}5\}$

b) $-\frac{1}{8}x^2 - 1{,}6x - 5{,}12 = 0$

$a = -\frac{1}{8}$ $b = -1{,}6$ $c = -5{,}12$

$D = (-1{,}6)^2 - 4 \cdot (-\frac{1}{8}) \cdot (-5{,}12) = 0$

$x_{1/2} = \frac{-b \pm \sqrt{D}}{2a} = \frac{1{,}6 \pm \sqrt{0}}{-0{,}25}$

$x_1 = -6{,}4$

$\mathbb{L} = \{-6{,}4\}$

1 Bestimme die Lösungsmenge der quadratischen Gleichung ($\mathbb{G} = \mathbb{R}$). Die Ergebnisse ergeben der Reihe nach ein englisches Lösungswort.

a) $x^2 + 3x - 10 = 0$ $\mathbb{L}$ = *{−5; 2}*

b) $3x^2 - 9x = 30$ $\mathbb{L}$ = *{−2; 5}*

c) $-x^2 + x + 12 = 0$ $\mathbb{L}$ = *{−3; 4}*

d) $4x^2 + 8x + 3 = 0$ $\mathbb{L}$ = *{−1,5; −0,5}*

e) $3x^2 - 4x = 4$ $\mathbb{L}$ = *$\{-\frac{2}{3}; 2\}$*

f) $7x^2 - x - 3 = 2x^2 + x$ $\mathbb{L}$ = *{−0,6; 1}*

g) $2 \cdot (x + 1) \cdot (x + 3) = 16$ $\mathbb{L}$ = *{−5; 1}*

U	$\mathbb{L} = \{-\frac{2}{3}; 2\}$
O	$\mathbb{L} = \{-2; 5\}$
F	$\mathbb{L} = \{-5; 2\}$
A	$\mathbb{L} = \{-5; 1\}$
M	$\mathbb{L} = \{-1{,}5; -0{,}5\}$
L	$\mathbb{L} = \{-0{,}6; 1\}$
R	$\mathbb{L} = \{-3; 4\}$

Lösungswort: *F O R M U L A*

2 a) Welcher Term beschreibt den Flächeninhalt des abgebildeten Dreiecks in Abhängigkeit von x?

○ A (x) = x (6x − 3) cm² ⊗ A (x) = (3x² − 1,5x) cm² ○ A (x) = (6x² − 3x) cm²

b) Begründe, weshalb für x nur folgende Werte sinnvoll sind: x ∈ {x | x > 0,5}.

Für x = 0,5 wäre $\overline{AB}$ = 0 cm.

Für x < 0,5 würden sich negative Seitenlängen ergeben.

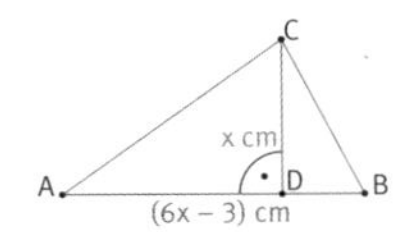

c) Für welchen Wert von x erhält man ein Dreieck mit einem Flächeninhalt von 39,78 cm²?

39,78 cm² in A (x): $(3x^2 - 1{,}5x)$ cm² = 39,78 cm² | : cm² | − 39,78

$3x^2 - 1{,}5x - 39{,}78$ = 0

Koeffizienten: a = 3; b = −1,5; c = −39,78 ⇒ Diskriminante: 479,61

Lösungsformel: $x_{1/2} = \frac{1{,}5 \pm \sqrt{479{,}61}}{2 \cdot 3}$ $x_1 = 3{,}9$ (∨ $x_2 = -3{,}4$) *Lösungsmenge: $\mathbb{L} = \{3{,}9\}$*

3 Eine Flugbahn beim Kugelstoßen wird durch die Gleichung $h(x) = -0{,}04x^2 + 0{,}8x + 1{,}95$ beschrieben.
Dabei gilt:
x: horizontaler Abstand der Kugel in m vom Abwurfpunkt
h: Höhe der Kugel in m über dem Boden

a) Welche Bedeutung hat h (0)?

Dies ist die Abwurfhöhe von 1,95 m

b) Ermittle die Wurfweite der Kugel.

$0 = -0{,}04x^2 + 0{,}8x + 1{,}95$
a = −0,04 b = 0,8 c = 1,95
($x_1 \approx -2{,}20$)
$x_2 \approx 22{,}20$ $\mathbb{L} = \{22{,}20\}$
Die Wurfweite beträgt 22,20 m.

c) Würde die Kugel bei einem Hallenturnier die 6 m hohe Decke berühren?

$6 = -0{,}04x^2 + 0{,}8x + 1{,}95$ | −6
$0 = -0{,}04x^2 + 0{,}8x - 4{,}05$
a = −0,04 b = 0,8 c = −4,05
$D = 0{,}8^2 - 4 \cdot (-0{,}04) \cdot (-4{,}05) = -0{,}008$
D < 0: Die Decke wird nicht berührt.

1 Ordne den Graphen das Gleichungssystem und dessen Lösungsmenge zu.

p: $y = 2x^2 - 8x + 8{,}5$ ∧ g: $y = -x + 2$	p: $y = x^2 - 2x$ ∧ g: $y = -x + 2$	p_1: $y = x^2 - 3x + 2{,}25$ ∧ p_2: $y = -1{,}5(x - 1{,}5)^2 + 2{,}5$	p_1: $y = x^2 - 5x + 6{,}25$ ∧ p_2: $y = -x^2 + x + 1{,}75$

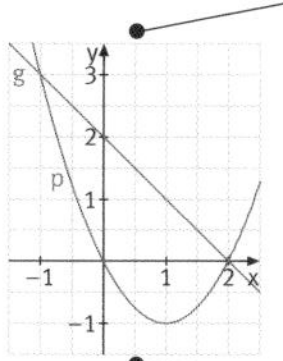
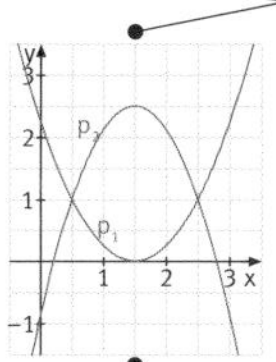
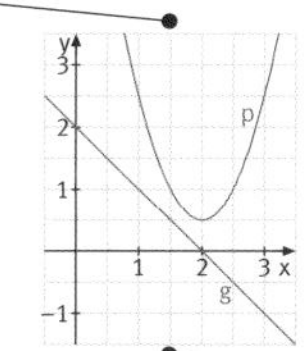
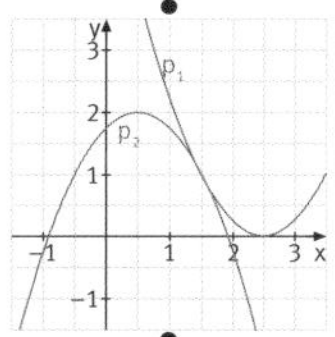

$\mathbb{L} = \{(0\|0); (2\|0)\}$	$\mathbb{L} = \{(0{,}5\|1); (2{,}5\|1)\}$	$\mathbb{L} = \{(-1\|3); (2\|0)\}$	$\mathbb{L} = \{(1{,}5\|1)\}$	$\mathbb{L} = \emptyset$

2 a) Die x-Koordinaten der Schnittpunkte zweier Parabeln (bzw. einer Gerade und einer Parabel) sollen berechnet werden. In welcher Reihenfolge müssen die folgenden Schritte ausgeführt werden? Nummeriere mit den Ziffern 1 bis 6.

4 Diskriminante berechnen	*3* quadratische Gleichung in allgemeiner Form
6 Lösungsmenge angeben	*1* Gleichungssystem aufstellen
2 Funktionsgleichungen gleichsetzen	*5* Lösungsformel anwenden

b) Ergänze die Schritte 2 bis 6 aus Teilaufgabe a). Nutze ggf. ein Extrablatt.

①	
1	g: $y = -x - 1{,}5$ ∧ p: $y = -x^2 - 2x + 4{,}5$
2	$-x - 1{,}5 = -x^2 - 2x + 4{,}5$
3	$x^2 + x - 6 = 0$
4	$D = 1^2 - 4 \cdot 1 \cdot (-6) = 25$
5	$x_{1/2} = \frac{-b \pm \sqrt{D}}{2a} = \frac{-1 \pm \sqrt{25}}{2}$ $x_1 = 2 \lor x_2 = -3$
6	$\mathbb{L} = \{-3; 2\}$

②	
1	p_1: $y = -0{,}5x^2 - x + 3$ ∧ p_2: $y = 1{,}5x^2 + 5x - 5$
2	$-0{,}5x^2 - x + 3 = 1{,}5x^2 + 5x - 5$
3	$2x^2 + 6x - 8 = 0$
4	$D = 6^2 - 4 \cdot 2 \cdot (-8) = 100$
5	$x_{1/2} = \frac{-b \pm \sqrt{D}}{2a} = \frac{-6 \pm \sqrt{100}}{2 \cdot 2}$ $x_1 = 1 \lor x_2 = -4$
6	$\mathbb{L} = \{-4; 1\}$

c) Kreuze die richtige Aussage an.
Wenn man die y-Koordinaten der Schnittpunkte einer Gerade und einer Parabel berechnen soll, ...
- ○ muss man x_1 in die Geradengleichung und x_2 in die Parabelgleichung einsetzen.
- ○ muss man x_1 und x_2 in dieselbe Funktionsgleichung einsetzen.
- ⊗ kann man frei wählen, in welche Funktionsgleichung man x_1 bzw. x_2 einsetzen will.

1 Gesucht sind jeweils Geraden, die genau einen gemeinsamen Punkt mit der Parabel p haben.

a) Kreuze richtige Aussagen an.
1 ⊗ Die Gerade kann die Steigung m = 0 haben.
2 ⊗ Die Gerade kann die Steigung m = 2 haben.
3 ○ Der gemeinsame Punkt kann nur ein Berührpunkt sein.
4 ⊗ Die Gerade kann durch den Punkt P (3|2) verlaufen, dabei aber keine Tangente an die Parabel sein.

b) Zeichne die Graphen zu den in a) angekreuzten Teilaufgaben ein. Gib ihre Gleichungen an.

1 $y = 3$ 2 $y = 2x$ 4 $x = 3$

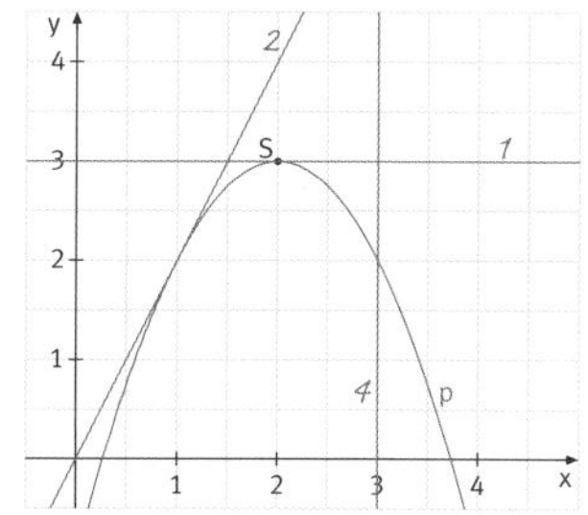

2 Gib die Anzahl der gemeinsamen Berühr- bzw. Schnittpunkte der Parabeln mit der gegebenen Parabel p: $y = (x - 3)^2 + 1$ an. Zeichne die Parabeln ein, wenn du dir nicht sicher bist.

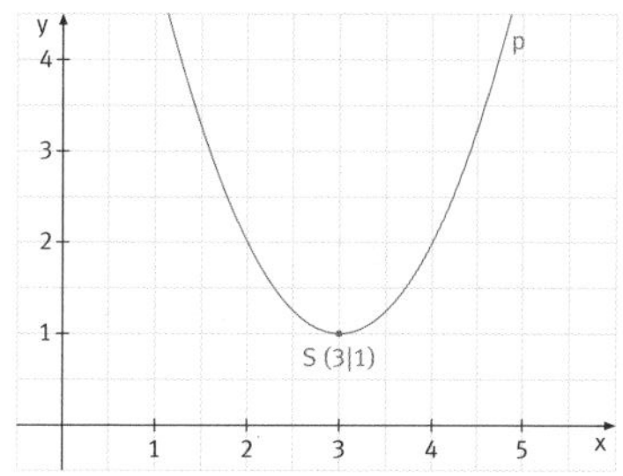

1	$y = -(x - 3)^2 + 1$	*0*	$y = (x - 3)^2$
1	$y = (x - 4)^2 + 2$	*2*	$y = -(x - 4)^2 + 2$
0	$y = -(x - 1)^2 + 1$	*1*	$y = (x - 1)^2 + 1$
1	$y = 0{,}5(x - 3)^2 + 1$	*1*	$y = 2(x - 3)^2 + 1$

3 Die Anzahl der Schnittpunkte zweier Funktionsgraphen sollte bestimmt werden. Prüfe, ob richtig gerechnet wurde, und beschreibe gegebenenfalls die Fehler.

a) p: $y = -x^2 + 2x + 4$ g: $2y = -8x + 2$
Gleichsetzen der Terme:
$-x^2 + 2x + 4 = -8x + 2$
$-x^2 + 10x + 2 = 0$
$x^2 - 10x - 2 = 0$
$D = -10^2 - 4 \cdot 1 \cdot (-2) = 108 > 0$,
also zwei Schnittpunkte

Die Geradengleichung muss durch 2 geteilt werden. Die Klammer um −10 fehlt. -10^2 ergibt −100.

b) p_1: $y = x^2 - 0{,}25x - 0{,}25$ p_2: $y = 1{,}125x^2 + \frac{1}{8}$
Gleichsetzen der Terme:
$x^2 - 0{,}25x - 0{,}25 = \frac{9}{8}x^2 + \frac{1}{8}$ $\quad | -\frac{9}{8}x^2 - \frac{1}{8}$
$-\frac{1}{8}x^2 - 0{,}25x - \frac{3}{8} = 0$ $\quad | \cdot (-8)$
$x^2 + 2x + 3 = 0$
$D = 2^2 - 4 \cdot 1 \cdot 3 = -8 < 0$,
also ein Berührpunkt

Wenn D < 0, dann gibt es keine Lösung.

1 Gegeben ist die Parabel p: $y = -0{,}5x^2 + 3x - 2{,}5$ und die Geradenschar g (t): $y = 1{,}5x + t$.

a) Zeichne die Parabel und die Schargeraden g (–2,5), g (–1,4) und g (1) in das Koordinatensystem ein.

b) In der Zeichnung scheint g (–1,4) eine Tangente an p zu sein. Ist dies wirklich der Fall? Überprüfe rechnerisch.

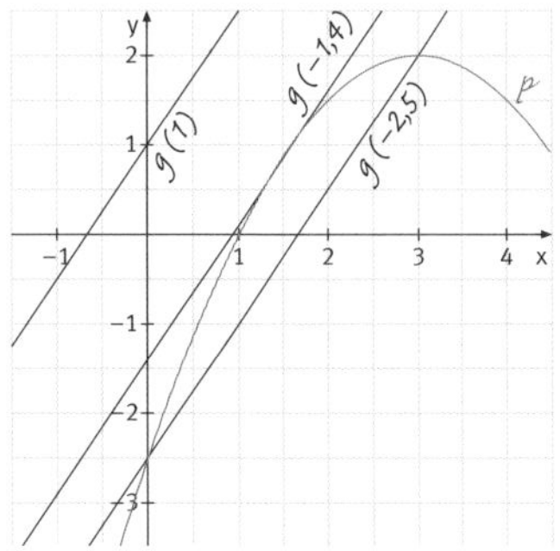

Geradengleichung von g (–1,4): $y = 1{,}5x - 1{,}4$

Parabelgleichung: p: $y = -0{,}5x^2 + 3x - 2{,}5$

Gleichsetzen: $-0{,}5x^2 + 3x - 2{,}5 = 1{,}5x - 1{,}4$

Berechnung der Diskriminante: $-0{,}5x^2 + 1{,}5x - 1{,}1 = 0$

$D = b^2 - 4ac = 1{,}5^2 - 4 \cdot (-0{,}5) \cdot (-1{,}1) = 0{,}05$

$D > 0 \Rightarrow g(-1{,}4)$ ist eine Sekante.

2 Gegeben ist die Parabel p: $y = -0{,}5x^2 - x + 2{,}5$ und die Parallelenschar g (t): $y = -2x + t$.

a) Für welches t ist die zugehörige Gerade Tangente an p?

Gleichungssystem	p: $y = -0{,}5x^2 - x + 2{,}5$ $\wedge$ g (t): $y = -2x + t$
Gleichsetzen	$-0{,}5x^2 - x + 2{,}5 = -2x + t$
Umformung	$-0{,}5x^2 + x + 2{,}5 - t$ $= 0$
Koeffizienten	a = $-0{,}5$ b = 1 c = $2{,}5 - t$
Diskriminante	$D = 1^2 - 4 \cdot (-0{,}5) \cdot (2{,}5 - t) = 6 - 2t$
g ist Tangente ⇒	D = 0
t berechnen	$6 - 2t = 0$ | -6 $-2t = -6$ | $:(-2)$ $t = 3$
Geradengleichung	g (3): y = $-2x + 3$

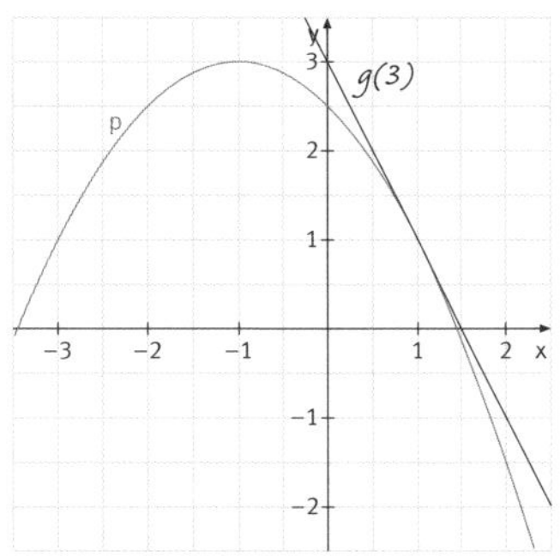

b) Zeichne die Tangente aus a) in das Koordinatensystem.

c) Für welche Werte von t sind die Scharparallelen ...

Sekanten? $t < 3$

Passanten? $t > 3$

3 Unter den Ursprungsgeraden des Geradenbüschels g (m): $y = mx$ sollen diejenigen bestimmt werden, die Tangenten an die Parabel p: $y = x^2 + 2x + 4$ sind. Ergänze die Lücken.

$x^2 + 2x + 4 = mx$ | $- mx$

$x^2 + 2x - mx + 4 = 0$

$x^2 + (2 - m)x + 4 = 0$

$D = (2 - m)^2 - 4 \cdot 1 \cdot 4$

$D = 0 \Rightarrow$

$(2 - m)^2 - 16 = 0$

$(2 - m)^2 = 16$

$2 - m_1 = 4 \vee 2 - m_2 = -4$

$m_1 = -2$ $m_2 = 6$

1 Der Singapore Flyer ist eines der größten Riesenräder der Welt mit einem Radius von 82,5 m. Welche maximale Höhe erreicht der Fahrgast? Nach wie vielen Umdrehungen n hat man einen Kilometer in der Kabine zurückgelegt?

$h_{max} = d = 2 \cdot r = 2 \cdot 82{,}5\ m = 165\ m$

$u = 2 \cdot \pi \cdot r = 2 \cdot \pi \cdot 82{,}5\ m \approx 518\ m$

$n = \frac{1000\ m}{518\ m} = 1{,}9 \approx 2$

maximale Höhe: 165 m Gesamtweg einer Umdrehung: 518 m n: ≈ 2

2 In einer alten Hammerschmiede werden zwei unterschiedlich große Räder über eine Riemen verbunden. Das große Rad (r_g = 95 cm) wird durch ein Wasserrad in Bewegung versetzt und dreht sich in einer Minute genau einmal. Am kleineren Rad befindet sich der Schmiedehammer, der sich bei jeder Umdrehung des Rades einmal hebt und senkt. Wie groß ist der Durchmesser des kleinen Rades, wenn der Hammer pro Minute 10 Schläge ausführt?

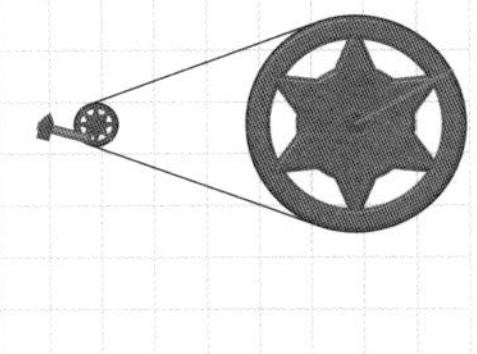

großes Rad: $u_g = 2 \cdot \pi \cdot r_g = 2 \cdot \pi \cdot 95\ cm \approx 596{,}9\ cm$

kleines Rad: $u_g = 10 \cdot u_k$

$u_k = \frac{u_g}{10} = \frac{596{,}9\ cm}{10} \approx 59{,}7\ cm$

$u_k = 2 \cdot r \cdot \pi \Leftrightarrow r_k = \frac{u}{2 \cdot \pi} = \frac{59{,}7\ cm}{2 \cdot \pi} \approx 9{,}5\ cm \Leftrightarrow d_k = 2 \cdot r_k = 19\ cm$

3 Berechne die fehlenden Kreisgrößen. Runde auf eine Nachkommastelle.

	a)	b)	c)	d)	e)	f)	g)
r	9,0 dm	14,0 m	19,0 cm	0,8 cm	17,0 km	4,6 mm	0,3 cm
d	18,0 dm	28,0 m	38,0 cm	1,6 cm	34,0 km	9,2 mm	0,6 cm
u	56,5 dm	88,0 m	119,4 cm	5,0 cm	106,8 km	28,9 mm	1,8 cm
A	254,5 dm²	615,8 m²	1134,1 cm²	2,0 cm²	908,0 km²	66,5 mm²	0,3 cm²

4 Schallplatten wurden früher zuerst in eine quadratische Papierhülle und dann in das Plattencover aus Karton gesteckt. Eine Langspielplatte (LP) hatte einen Durchmesser von 30,5 cm.

a) Berechne den Flächeninhalt der Schallplatte. Das kleine Loch in der Mitte kann vernachlässigt werden.

$r_{LP} = 0{,}5 \cdot d_{LP} = 0{,}5 \cdot 30{,}5\ cm = 15{,}25\ cm$

$A_{LP} = \pi \cdot r_{LP}^2 = \pi \cdot (15{,}25\ cm)^2 = 730{,}6\ cm^2$

b) Das kreisrunde Label auf einer LP hatte einen Durchmesser von 92 mm. Wie viel Papier wurde auf die LP geklebt?

$d_L = 92\ mm \Rightarrow r_L = 46\ mm = 4{,}6\ cm$

$A_L = \pi \cdot r_L^2 = \pi \cdot (4{,}6\ cm)^2 = 66{,}5\ cm^2$ 2 Seiten: $A_{Papier} = 132{,}96\ cm^2$

1 Eine Auto-Teststrecke setzt sich aus Strecken und Kreisbögen zusammen. Die Maße sind im Plan angegeben. Berechne die Länge der Teststrecke.

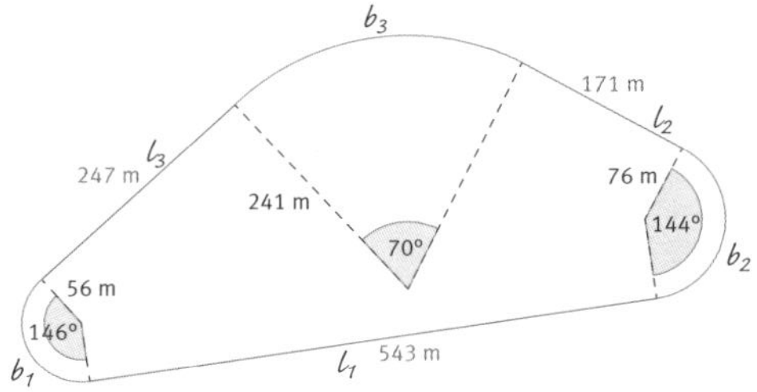

$b_1 = \frac{146°}{360°} \cdot 2 \cdot 56\ m \cdot \pi \approx 143\ m$

$b_2 = \frac{144°}{360°} \cdot 2 \cdot 76\ m \cdot \pi \approx 191\ m$

$b_3 = \frac{70°}{360°} \cdot 2 \cdot 241\ m \cdot \pi \approx 294\ m$

$l_{ges} = b_1 + b_2 + b_3 + l_1 + l_2 + l_3$

$= 143\ m + 191\ m + 294\ m + 543\ m + 171\ m + 247\ m = 1589\ m$

2 Eva, Tim und Lena teilen sich eine Pizza mit einem Durchmesser von 40 cm. Allerdings sind die Stücke nicht gleich groß. Tims Pizzastück hat eine Bogenlänge von 45 cm. Evas Pizzastück hat einen Mittelpunktswinkel von 118°.

a) Beschrifte die Skizzen mit den bekannten Maßen.

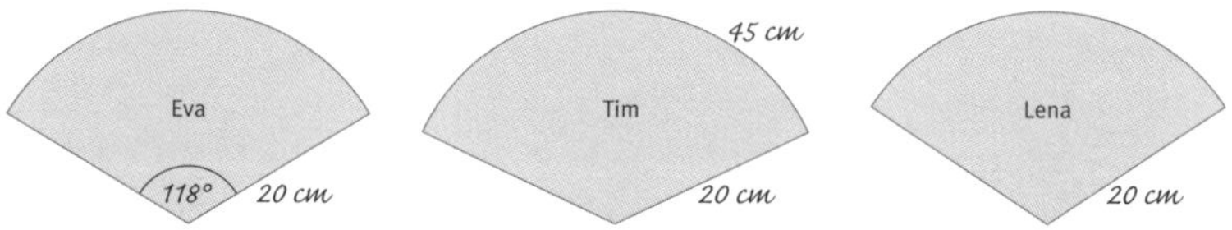

b) Wer hat das größte Stück? Berechne jeweils den Flächeninhalt (auf ganze cm² gerundet).

Eva: $A_{Eva} = \frac{\mu}{360°} \cdot r^2\pi = \frac{118°}{360°} \cdot (20\ cm)^2 \cdot \pi = 412\ cm^2$

Tim: $b = \frac{\mu}{360°} \cdot 2r\pi \Leftrightarrow \mu = \frac{b \cdot 360°}{2r\pi} = \frac{45\ cm \cdot 360°}{2 \cdot 20\ cm \cdot \pi} = 128{,}9°$

$A_{Tim} = \frac{\mu}{360°} \cdot r^2\pi = \frac{128{,}9°}{360°} \cdot (20\ cm)^2 \cdot \pi = 450\ cm^2$

Lena: ganze Pizza: $A_0 = r^2\pi = (20\ cm)^2 \cdot \pi = 1257\ cm^2$

$A_{Lena} = A_0 - A_{Eva} - A_{Tim} = 1257\ cm^2 - 412\ cm^2 - 450\ cm^2 = 395\ cm^2$

Tim hat das größte Stück.

3 Berechne die fehlenden Größen.

	a)	b)	c)	d)	e)
r	25 cm	0,36 dm	7,0 m	5,2 km	1,20 mm
d	50 cm	0,72 dm	14,0 m	10,4 km	2,40 mm
μ	210°	302°	355°	189,5°	12,73°
b	92 cm	1,90 dm	43,4 m	17,2 km	0,27 mm
A_{Sektor}	1145 cm²	0,34 dm²	151,8 m²	44,7 km²	0,16 mm²
u_{Sektor}	142 cm $(2 \cdot r + b)$	2,62 dm	57,4 m	27,6 km	2,67 mm

1 Beim Verkehrsschild „Verbot für Fahrzeuge aller Art“ ist die Fläche in zwei weiße und eine rote Fläche unterteilt. Die schwarze Randeinfassung kann hier vernachlässigt werden.
Berechne den prozentualen Anteil der roten Fläche an der Gesamtfläche. Runde alle Flächeninhalte auf ganze cm².

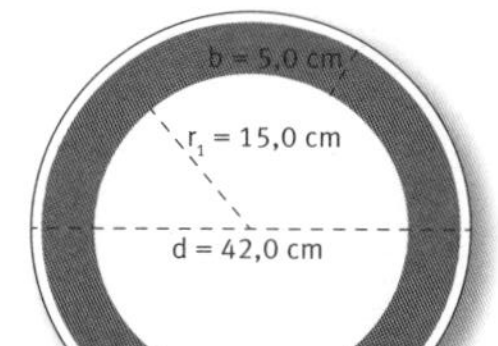

kleiner Kreis: $A_0 = r_1^2 \cdot \pi = (15\ cm)^2 \cdot \pi = 707\ cm^2$

Ring rot: $A_R = A_2 - A_0$ $\qquad r_2 = r_1 + b = 20\ cm$

$A_2 = r_2^2 \cdot \pi = (20\ cm)^2 \cdot \pi = 1257\ cm^2$

$A_R = 1257\ cm^2 - 707\ cm^2 = 550\ cm^2$

Gesamtfläche: $A_{ges} = (\frac{d}{2})^2 \cdot \pi = (21\ cm)^2 \cdot \pi = 1385\ cm^2$

Prozentualer Anteil: $p\ \% = \frac{A_R}{A_{ges}} = \frac{550\ cm^2}{1385\ cm^2} = 0{,}40 = 40\ \%$

2 Ein Leuchtturm hat zwei „Umlaufbalkone“. Berechne die Flächeninhalte der Balkone. Bekannt sind folgende Maße:

	Balkondurchmesser	Turmdurchmesser
oberer Balkon:	6,0 m	4,2 m
unterer Balkon:	6,9 m	4,5 m

oberer Balkon:

$A_{Ring\ 1} = r_{oB}^2 \cdot \pi - r_{oT}^2 \cdot \pi = (6{,}0\ m)^2 \cdot \pi - (4{,}2\ m)^2 \cdot \pi = 57{,}7\ m^2$

unterer Balkon:

$A_{Ring\ 2} = r_{uB}^2 \cdot \pi - r_{uT}^2 \cdot \pi = (6{,}9\ m)^2 \cdot \pi - (4{,}5\ m)^2 \cdot \pi = 86{,}0\ m^2$

3 Berechne den Flächeninhalt des Segments. Runde auf eine Nachkommastelle.

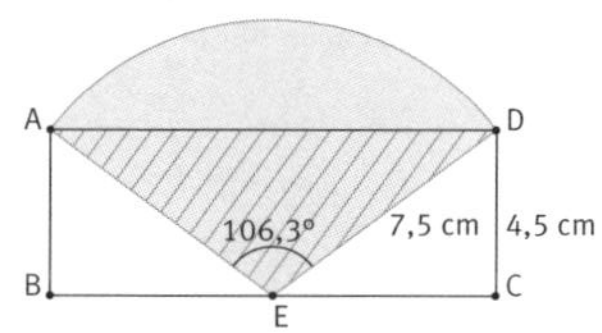

$A_{Sektor} = \frac{\mu}{360°} \cdot r^2\pi = \frac{106{,}3°}{360°} \cdot (7{,}5\ cm)^2 \cdot \pi \approx 52{,}2\ cm^2$

$\overline{EC} = \sqrt{\overline{ED}^2 - \overline{DC}^2} = \sqrt{(7{,}5\ cm)^2 - (4{,}5\ cm)^2} = 6{,}0\ cm$

$\overline{AD} = 2 \cdot \overline{EC} = 2 \cdot 6{,}0\ cm = 12{,}0\ cm$

$A_\Delta = \frac{1}{2} \cdot \overline{AD} \cdot h_{[AD]} = \frac{1}{2} \cdot 12{,}0\ cm \cdot 4{,}5\ cm = 27{,}0\ cm^2$

$A_{Segment} = A_{Sektor} - A_\Delta$

$A_{Segment} = 52{,}2\ cm^2 - 27{,}0\ cm^2 = 25{,}2\ cm^2$

1 Markiere für den angegebenen Winkel die Ankathete in blau, die Gegenkathete in grün und die Hypotenuse in rot. Schreibe den Sinus, Kosinus und Tangens als Verhältnis der Seitenlängen.

a) 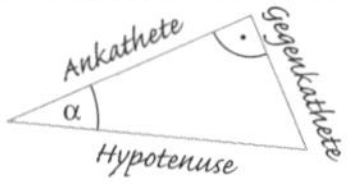

b) 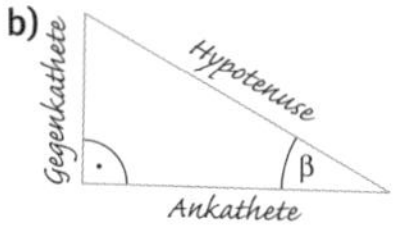

c) 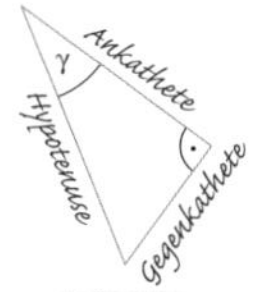

d) 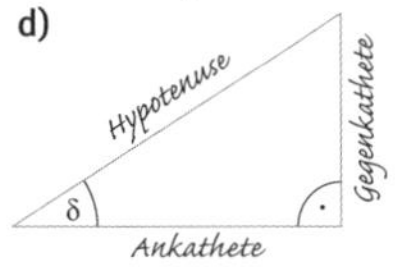

a)	b)	c)	d)
$\sin\alpha = \frac{s}{r}$	$\sin\beta = \frac{w}{v}$	$\sin\gamma = \frac{x}{z}$	$\sin\delta = \frac{c}{a}$
$\cos\alpha = \frac{t}{r}$	$\cos\beta = \frac{u}{v}$	$\cos\gamma = \frac{y}{z}$	$\cos\delta = \frac{b}{a}$
$\tan\alpha = \frac{s}{t}$	$\tan\beta = \frac{w}{u}$	$\tan\gamma = \frac{x}{y}$	$\tan\delta = \frac{c}{b}$

2 Berechne den Winkel α mithilfe der gegebenen Schrittfolge. Runde geeignet.

	a)	b)	c)
	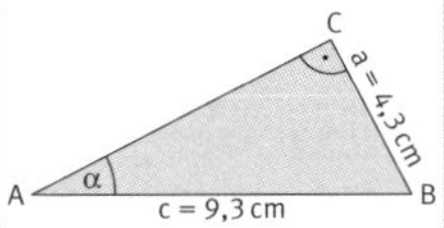	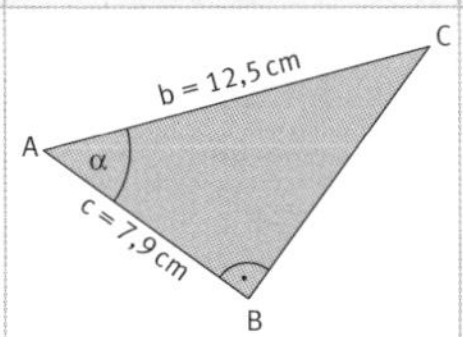	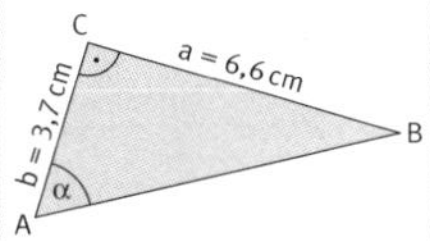
1 Zusammenhang beschreiben	$\sin\alpha = \frac{4{,}3\ cm}{9{,}3\ cm}$	$\cos\alpha = \frac{7{,}9\ cm}{12{,}5\ cm}$	$\tan\alpha = \frac{6{,}6\ cm}{3{,}7\ cm}$
2 Winkel α berechnen	$\alpha \approx 27{,}5°$	$\alpha \approx 50{,}8°$	$\alpha \approx 60{,}7°$

3 Berechne die gesuchten, rot markierten Größen. Runde auf eine Dezimale.

a) 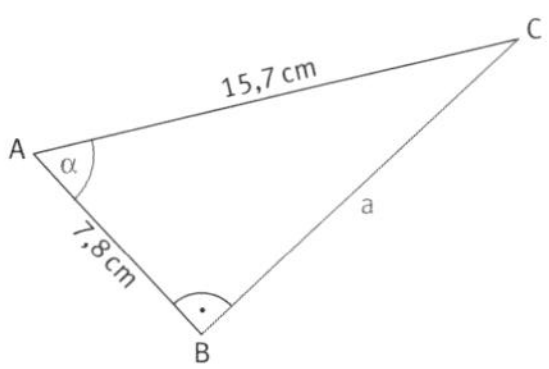

$\cos\alpha = \frac{7{,}8\ cm}{15{,}7\ cm} \Rightarrow \alpha \approx 60{,}2°$

$\sin 60{,}2° = \frac{a}{15{,}7\ cm} \Rightarrow a = 15{,}7\ cm \cdot \sin 60{,}2°$

$a = 13{,}6\ cm$

$a = 13{,}6\ cm$ $\alpha = 60{,}2°$

b) 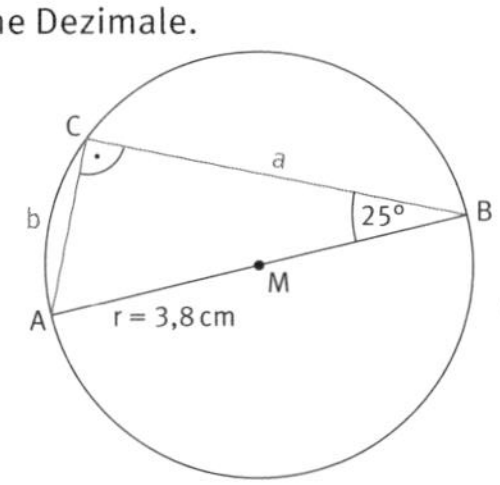

$c = 2r$

$\sin 25° = \frac{b}{7{,}6\ cm} \Rightarrow b = 7{,}6\ cm \cdot \sin 25°$

$\Rightarrow b = 3{,}2\ cm$

$\cos 25° = \frac{a}{7{,}6\ cm} \Rightarrow a = 7{,}6\ cm \cdot \cos 25°$

$\Rightarrow a = 6{,}9\ cm$

$a = 6{,}9\ cm$ $b = 3{,}2\ cm$

1 Beschreibe zunächst den Zusammenhang durch die Seitenbezeichnungen a, b und c. Bestimme dann die Größe des Winkels α auf drei Arten. Runde auf ganze Grad.

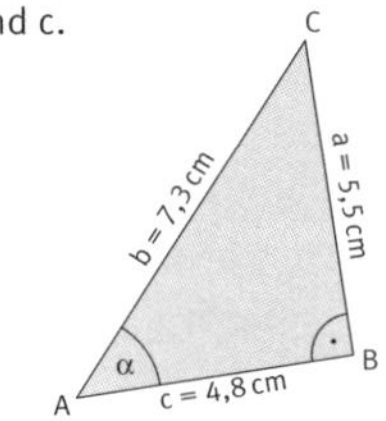

a)	b)	c)
$\tan\alpha = \frac{a}{c}$	$\sin\alpha = \frac{a}{b}$	$\cos\alpha = \frac{c}{b}$
$\tan\alpha = \frac{5{,}5\ cm}{4{,}8\ cm}$	$\sin\alpha = \frac{5{,}5\ cm}{7{,}3cm}$	$\cos\alpha = \frac{4{,}8\ cm}{7{,}3\ cm}$
$\alpha = 49°$	$\alpha = 49°$	$\alpha = 49°$

2 Berechne die gesuchten Größen. Runde auf eine Dezimale.

a) 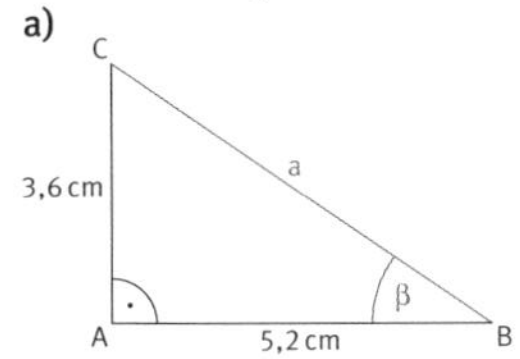

$\tan\beta = \frac{3{,}6\ cm}{5{,}2\ cm} \Rightarrow \beta = 34{,}7°$

$\cos 34{,}7° = \frac{5{,}2\ cm}{a} \Rightarrow a = \frac{5{,}2\ cm}{\cos 34{,}7°}$

$a = 6{,}3\ cm$

$a = 6{,}3\ cm$ $\beta = 34{,}7°$

b) 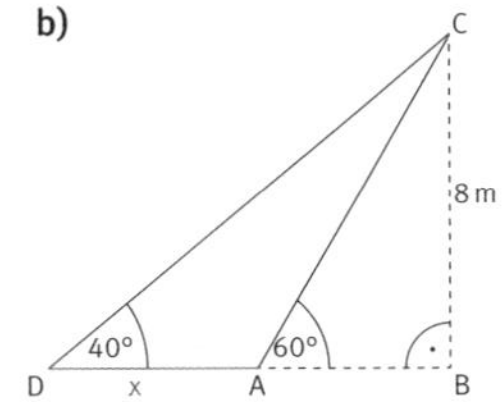

$\tan 60° = \frac{8\ m}{\overline{AB}} \Rightarrow \overline{AB} = \frac{8\ m}{\tan 60°} \approx 4{,}6\ m$

$\tan 40° = \frac{8\ m}{x + \overline{AB}} \Rightarrow x + \overline{AB} = \frac{8\ m}{\tan 40°} \approx 9{,}5\ m$

$x = 9{,}5\ m - \overline{AB} = 9{,}5\ m - 4{,}6\ m = 4{,}9\ m$

$x = 4{,}9\ m$

3 Der nebenstehende Quader hat folgende Maße:
$\overline{AB} = 9$ cm; $\overline{AD} = 6$ cm; $\overline{AE} = 4$ cm
Runde jeweils auf eine Dezimale.
a) Berechne das Maß δ des Winkels ∢ADB und die Länge der Flächendiagonale [BD] der Grundfläche.
b) Berechne das Maß β des Winkels ∢HBD.

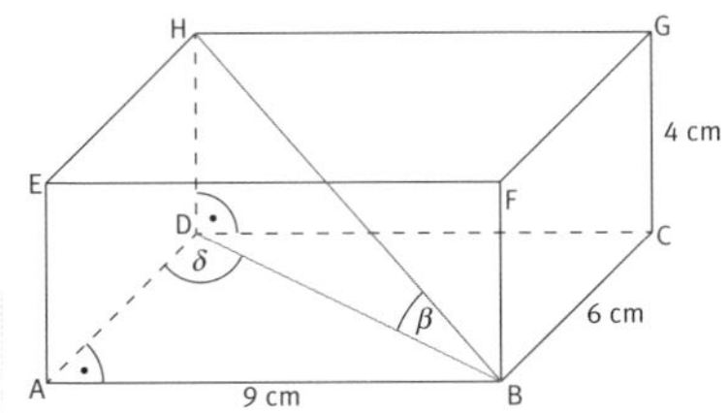

Lösungsmöglichkeit:

a) $\tan\delta = \frac{\overline{AB}}{\overline{AD}} = \frac{9\ cm}{6\ cm} = 1{,}5 \Rightarrow \delta = 56{,}3°$

$\cos 56{,}3° = \frac{6\ cm}{\overline{BD}} \Rightarrow \overline{BD} = \frac{6\ cm}{\cos 56{,}3°} \Rightarrow \overline{BD} = 10{,}8\ cm$

b) $\tan\beta = \frac{4\ cm}{10{,}8\ cm} \Rightarrow \beta = 20{,}3°$

1 Eine 10 m lange Leiter steht an einer Hauswand. Bestimme für die gegebenen Winkelmaße α die Höhe h und den Abstand x. Runde auf cm.

	α = 60°	α = 75°	α = 80°
h	8,67 m	9,66 m	9,85 m
x	5,00 m	2,59 m	1,74 m

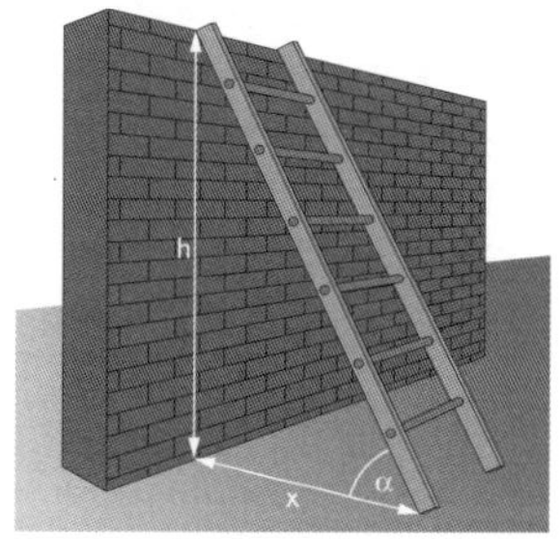

2 Die beiden Holme einer Stehleiter sind 3 m lang. Beim Aufstellen schließen sie einen Winkel von 30° ein. Berechne, wie hoch die Leiter reicht.

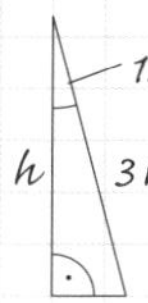

$\cos 15° = \frac{h}{3\,m}$

$\Rightarrow h = 3\,m \cdot \cos 15°$

$h \approx 2{,}90\,m$

Antwort: Die Leiter reicht 2,90 m hoch.

3 **a)** Bestimme die Steigung in Prozent einer Straße mit dem Steigungswinkel α = 4°. Runde auf ganze Prozent.

$\tan 4° = \frac{x}{100\,m}$

$\Rightarrow x = 100\,m \cdot \tan 4° \approx 7{,}0\,m$

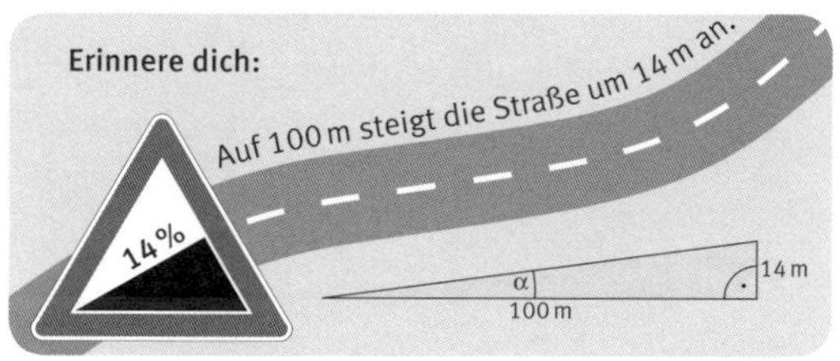

Steigung: 7 %

b) Die Schiene einer Bergbahn hat eine Steigung von 35 %. Berechne den Steigungswinkel α.

$\tan \alpha = \frac{35\,m}{100\,m} = 0{,}35 \Rightarrow \alpha \approx 19{,}3°$

α ≈ 19,3°

4 **a)** Berechne die Länge l des äußeren Stahlseils der Brücke.

l ≈ 95,4 m

b) Berechne die Gesamthöhe des Mittelpfeilers.

h ≈ 43,3 m + 35 m = 78,3 m

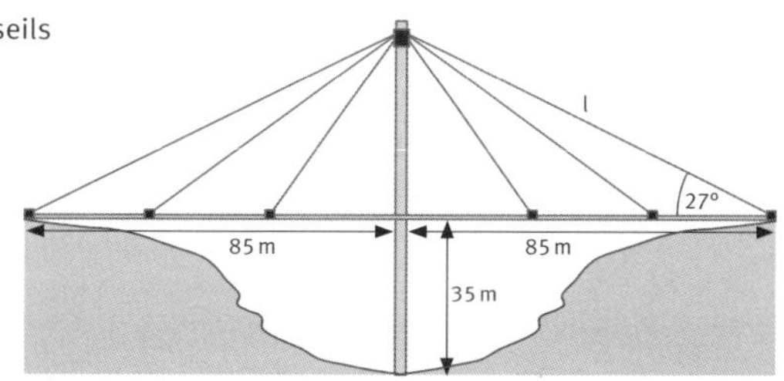

1 Ein Drachenflieger startet von einem 120 m hohen Hügel und gleitet (ohne Aufwind) mit einem Gleitwinkel von ungefähr 7° ins Tal hinab.

a) Begründe, dass die eingezeichneten Winkel α gleich groß sein müssen.

Die eingezeichneten Winkel sind Wechselwinkel.

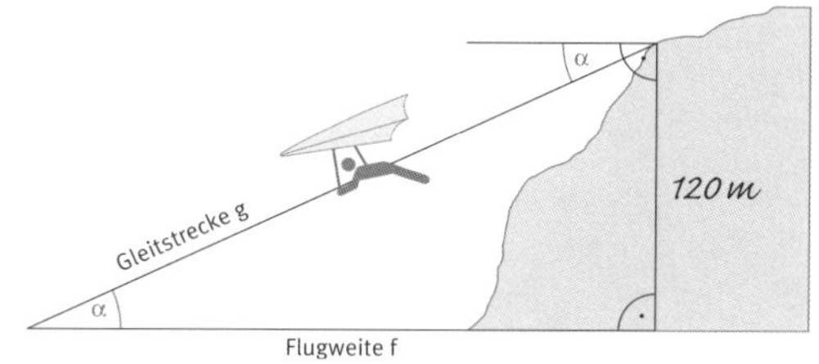

b) Bestimme die Flugweite f des Drachenfliegers.

$\tan 7° = \frac{120\,m}{f} \Rightarrow f = \frac{120\,m}{\tan 7°} \approx 977\,m$

Flugweite: f = 977 m

c) Berechne die Länge der Gleitstrecke g.

$\sin 7° = \frac{120\,m}{g} \Rightarrow g = \frac{120\,m}{\sin 7°} \approx 985\,m$

Gleitstrecke: g = 985 m

2 Vögel sind unterschiedlich gute Gleiter. Ihre Gleitfähigkeit wird als Verhältnis zwischen Höhenverlust und horizontal gemessener Flugstrecke festgelegt. Vervollständige die Tabelle, indem du für die Vogelarten den jeweiligen Gleitwinkel angibst.

Vogelart	Bussard	Möwe	Taube	Meise
Gleitfähigkeit	1 : 20	1 : 15	1 : 9	1 : 5
Gleitwinkel	≈ 2,9°	≈ 3,8°	≈ 6,3°	≈ 11,3°

3 Die Abbildung soll die Lage von Bamberg auf der Erdkugel skizzieren. Man sagt: „Bamberg liegt auf dem 50. Breitengrad", d. h. auf einem Kreis, der vom Äquator um 50° abweicht. Bestimme den Radius r dieses Kreises, wenn der Radius der Erde R ≈ 6370 km beträgt. Nutze die Skizze und beschrifte sie geeignet.

Skizze:

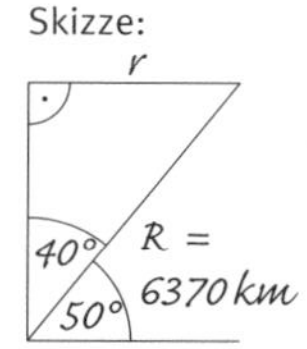

$\sin 40° = \frac{r}{R} = \frac{r}{6370\,km}$

$\Rightarrow r = 6370\,km \cdot \sin 40°$

$r \approx 4095\,km$

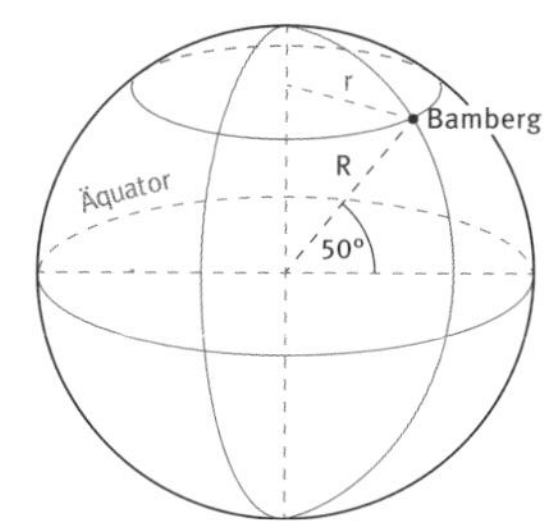

Radius r ≈ 4095 km

1 Der Punkt P liegt auf dem Einheitskreis. Das Winkelmaß α gibt dabei an, wie weit er um den Ursprung – ausgehend vom Punkt (1|0) – gedreht wurde. Berechne die Koordinaten von P. Runde auf zwei Nachkommastellen. In welchem Quadraten (I bis IV) liegt P?

a) α = 30° P (*0,87* | *0,50*) ⊗ I ○ II ○ III ○ IV

b) α = 317° P (*0,73* | *−0,68*) ○ I ○ II ○ III ⊗ IV

c) α = 163° P (*−0,96* | *0,29*) ○ I ⊗ II ○ III ○ IV

2 Bestimme die Koordinaten der Punkte am Einheitskreis. Runde auf zwei Dezimalen.

P_1 (*0,26* | *0,97*) P_2 (*−0,94* | *0,34*)

P_3 (*−0,82* | *−0,57*) P_4 (*0,62* | *−0,79*)

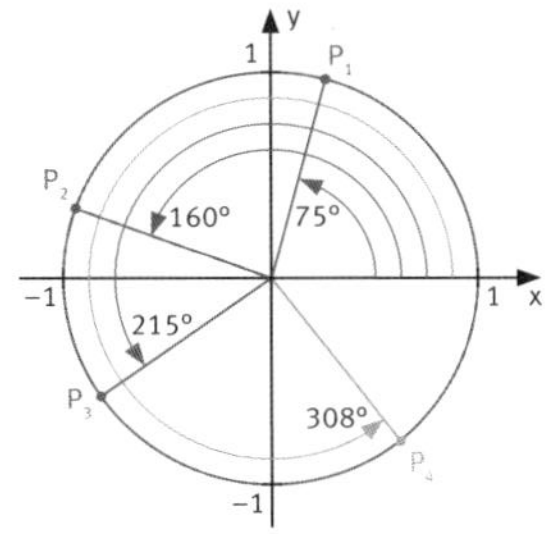

3 Kreuze die richtige Lösung an, ohne den Taschenrechner zu verwenden.

sin 0° = ...	⊗ 0	○ 0,5	○ 1	○ nicht definiert
sin 30° = ...	○ 0	⊗ 0,5	○ 1	○ nicht definiert
sin 90° = ...	○ 0	○ 0,5	⊗ 1	○ nicht definiert
cos 0° = ...	○ 0	○ 0,5	⊗ 1	○ nicht definiert
cos 60° = ...	○ 0	⊗ 0,5	○ 1	○ nicht definiert
cos 90° = ...	⊗ 0	○ 0,5	○ 1	○ nicht definiert
tan 45° = ...	○ 0	○ 0,5	⊗ 1	○ nicht definiert
tan 90° = ...	○ 0	○ 0,5	○ 1	⊗ nicht definiert

4 Mit m = tan α kann man das Maß des Steigungswinkels berechnen, den eine Gerade mit der x-Achse einschließt. Ordne die Geradengleichungen zu und berechne die Steigungswinkel. Runde auf eine Dezimale.

1 y = 1,3x − 3
2 y = 0,4x + 2
3 y = 0,6x

Gleichung *2* : tan α = *0,4* α = *21,8°*

Gleichung *3* : tan β = *0,6* β = *31,0°*

Gleichung *1* : tan γ = *1,3* γ = *52,4°*

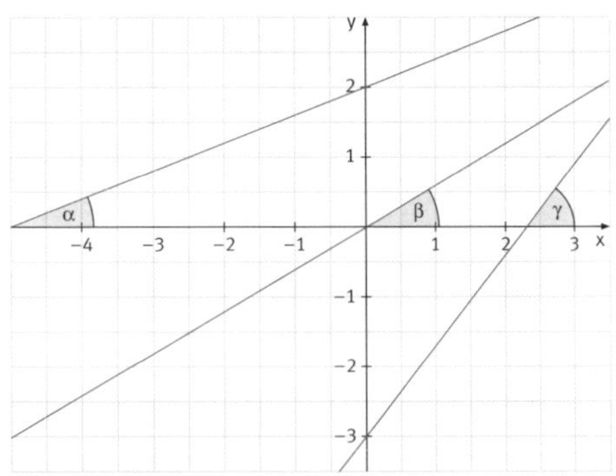

1 Löse folgende Gleichungen für α ∈ [−90°; 90°].

a) sin 130° = sin α α = *50°*

b) cos α = cos (−50°) α = *50°*

c) sin (230°) = sin α α = *−50°*

d) cos 310° = cos α α = *50°*

2 Verbinde zusammengehörende Paare.

sin 150° | sin 30° | cos 150° | tan (−30°) | cos (−30°) | sin (−30°)

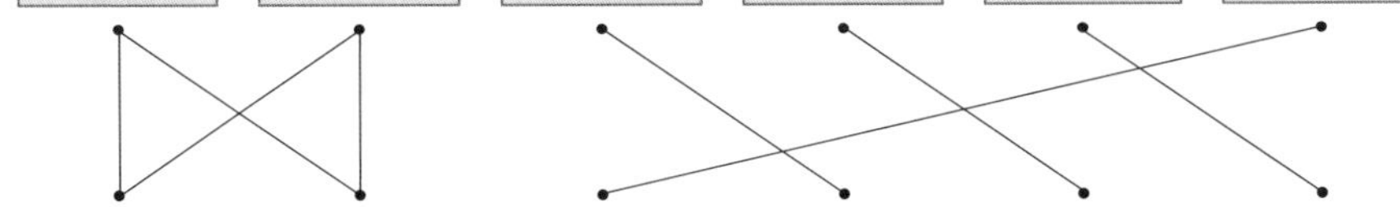

−sin (−30°) | sin 30° | −sin 30° | −cos 30° | −tan 30° | cos 30°

3 Finde alle auf ganze Grad gerundeten Winkelmaße α ∈ [0°; 180°], für die das Folgende gilt. Notiere die Buchstaben der Reihe nach. Wenn du alles richtig löst, erhältst du ein Lösungswort.

a) sin α = 0,342: *α_1 = 20°; α_2 = 160°*

b) tan α = 0,176: *α = 10°*

c) cos α = 0,985: *α = 10°*

d) tan α = 0,466: *α = 25°*

e) cos α = −0,906: *α = 155°*

f) sin α = 1: *α = 90°*

g) cos α = −0,940: *α = 160°*

N	90°
W	20°
D	25°
O	155°
E	160°
L	10°

W E L L D O N E

4 Für einen spitzen Winkel α gilt: sin α = 0,80.
Bestimme cos α und tan α ohne Verwendung des Taschenrechners.

$(\sin\alpha)^2 + (\cos\alpha)^2 = 1 \Rightarrow (\cos\alpha)^2 = 1 - (\sin\alpha)^2 = 1 - 0{,}8^2 = 1 - 0{,}64 = 0{,}36$

$\Rightarrow \cos\alpha = 0{,}6$

$\tan\alpha = \frac{\sin\alpha}{\cos\alpha} = \frac{0{,}8}{0{,}6} = \frac{4}{3} = 1\frac{1}{3}$

5 Berechne in der angegebenen Gleichung das Winkelmaß α für α ∈ [0°; 360°[.
Tipp: Denke an die binomischen Formeln und an $(\sin\alpha)^2 + (\cos\alpha)^2 = 1$.

$(1 - \cos\alpha)\cdot(1 + \cos\alpha) = \sin\alpha$

$1 - (\cos\alpha)^2 = \sin\alpha$

$(\sin\alpha)^2 = \sin\alpha$

$\sin\alpha = 0 \Rightarrow \alpha = 0° \vee \alpha = 180°$

$\sin\alpha \neq 0 \Rightarrow \sin\alpha = 1$

$\Rightarrow \sin\alpha = 90°$

$\mathbb{L} = \{0°; 90°; 180°\}$

1 Bestimme wie im Beispiel alle Winkelmaße, die die Gleichung erfüllen. Markiere sie in dem entsprechenden Graphen. Die Grundmenge ist jeweils der gezeichnete Bereich.

a) $\sin\alpha = \frac{\sqrt{2}}{2}$

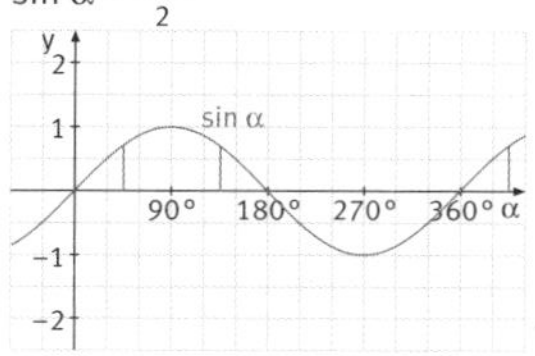

45° *135°* *405°*

b) $\cos\alpha = 0{,}5$

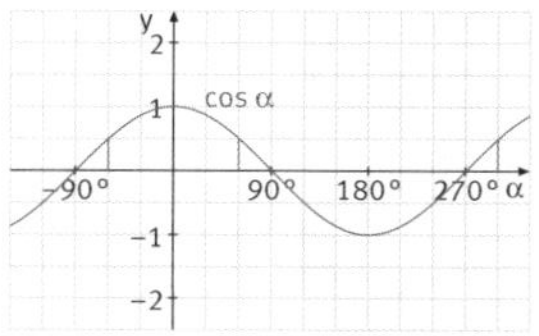

−60° *60°* *300°*

c) $\tan\alpha = 1$

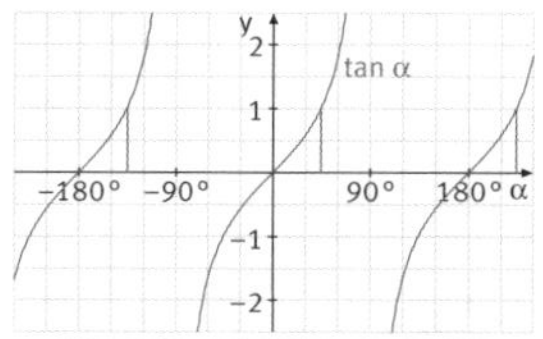

−135° *45°* *225°*

2 Bestimme jeweils die Periodenlänge.

a)

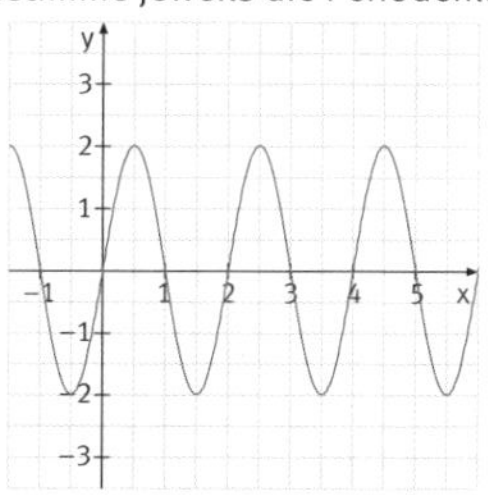

Periodenlänge: *2* Einheiten

b)

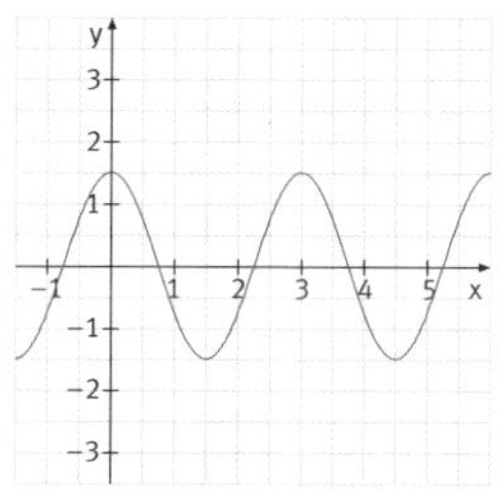

Periodenlänge: *3* Einheiten

c)

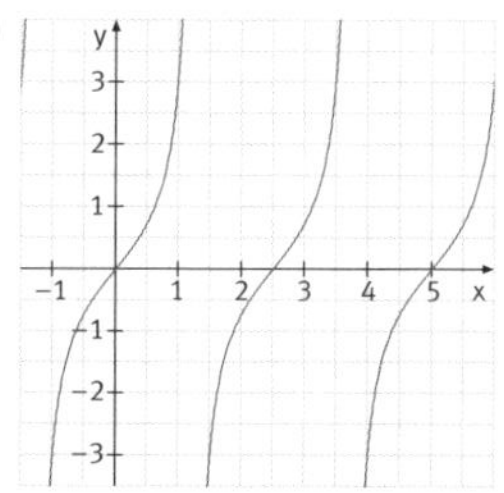

Periodenlänge: *2,5* Einheiten

3 Kreuze die zutreffenden Aussagen an.

◯ Der Graph der Sinusfunktion ist achsensymmetrisch zur y-Achse.
◯ Die Tangensfunktion ist für alle Winkelmaße definiert.
⊗ Wenn man den Graphen der Sinusfunktion um −90° entlang der α-Achse verschiebt, erhält man den Graphen der Kosinusfunktion.

4 a) Übertrage die Höhen der roten Punkte, die eine verlängerte Zeigerspitze eines Stundenzeigers erzeugt hat, in das Koordinatensystem, und vervollständige den Graphen.

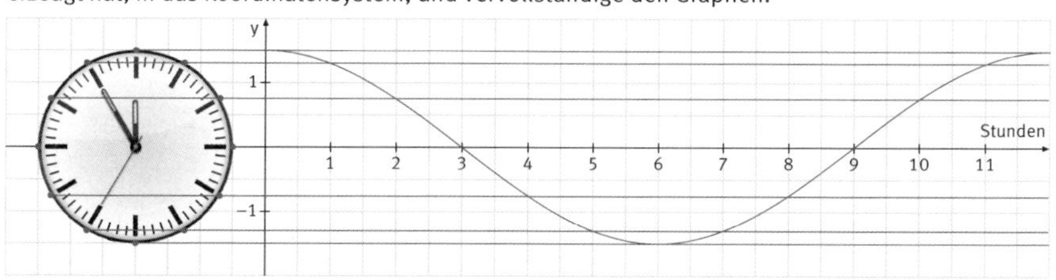

b) Der Funktionsterm unterscheidet sich von denjenigen, die du bisher kennen gelernt hast, dadurch, dass man beim Sinus keine Winkelmaße in Grad einsetzt, sondern reelle Zahlen (die Anzahl der Stunden). Einer der folgenden Funktionsterme ergibt den obigen Graphen. Finde es heraus, indem du ein Geometrieprogramm verwendest oder einige Werte einsetzt (z. B. x = 2, x = 3, ...).

◯ $y = 1{,}5 \cdot \sin\frac{\pi\cdot(x+3)}{2}$ ◯ $y = 1{,}5 \cdot \sin x$ ⊗ $y = 1{,}5 \cdot \sin\frac{\pi\cdot(x+3)}{6}$ ◯ $y = 1{,}5 \cdot \sin\frac{\pi\cdot x}{6}$

1 Einige Werte von sin, cos und tan lassen sich exakt bestimmen.

a) Bestimme im Quadrat und im gleichseitigen Dreieck die rot markierten Längen mithilfe des Satzes von Pythagoras. Schreibe die exakten Werte durch Wurzeln, wenn nötig.

1

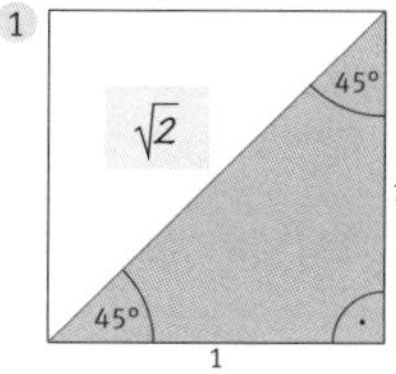

$x^2 = 1^2 + 1^2$

$x = \sqrt{1+1}$

$x = \sqrt{2}$

2

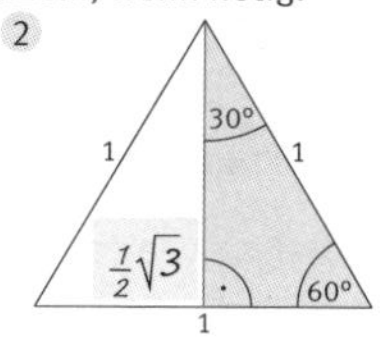

$x^2 = 1^2 - (\frac{1}{2})^2$

$x^2 = \frac{3}{4}$

$x = \frac{1}{2}\sqrt{3}$

b) Vervollständige die exakten Werte in der Tabelle. Nutze Zusammenhänge, die du kennst.

	0°	30°	45°	60°	90°
sin	0	$\frac{1}{2}$	$\frac{1}{2}\sqrt{2}\left(=\frac{1}{\sqrt{2}}\right)$	$\frac{1}{2}\sqrt{3}$	1
cos	1	$\frac{1}{2}\sqrt{3}$	$\frac{1}{2}\sqrt{2}\left(=\frac{1}{\sqrt{2}}\right)$	$\frac{1}{2}$	0
tan	0	$\frac{1}{3}\sqrt{3}\left(=\frac{1}{\sqrt{3}}\right)$	1	$\sqrt{3}$	–

2 Betrachte das gleichschenklige Dreieck ABC. Notiere jeweils drei verschiedene Möglichkeiten, um die gesuchte Länge (b, c bzw. h_c) mithilfe der anderen gegebenen Größen zu berechnen.

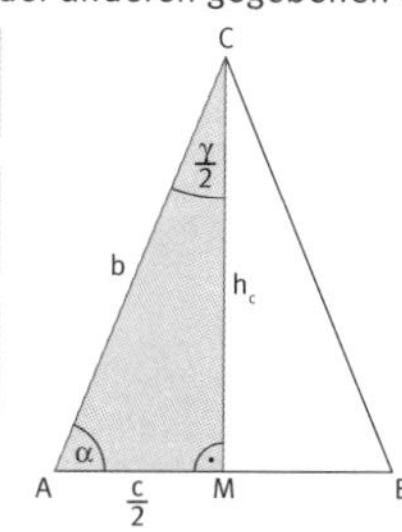

$b^2 = \left(\frac{c}{2}\right)^2 + h_c^2 \Rightarrow b = \sqrt{\left(\frac{c}{2}\right)^2 + h_c^2}$

$\sin\alpha = \frac{h_c}{b} \Rightarrow b = \frac{h_c}{\sin\alpha}$

$\cos\alpha = \frac{\frac{c}{2}}{b} \Rightarrow b = \frac{c}{2\cos\alpha}$

$h_c^2 = b^2 - \left(\frac{c}{2}\right)^2 \Rightarrow h_c = \sqrt{b^2 - \left(\frac{c}{2}\right)^2}$

$\sin\alpha = \frac{h_c}{b} \Rightarrow h_c = b\cdot\sin\alpha$

$\tan\alpha = \frac{h_c}{\frac{c}{2}} \Rightarrow h_c = \frac{c}{2}\cdot\tan\alpha$

$\left(\frac{c}{2}\right)^2 = b^2 - h_c^2 \Rightarrow c = 4\cdot\sqrt{b^2 - h_c^2}$

$\cos\alpha = \frac{\frac{c}{2}}{b} \Rightarrow c = 2\cdot b\cdot\cos\alpha$

$\tan\alpha = \frac{h_c}{\frac{c}{2}} \Rightarrow c = 2\cdot\frac{h_c}{\tan\alpha}$

Neben den aufgeführten sind noch andere Lösungen möglich.

3 Berechne die Längen der Diagonalen einer Raute mit der Seitenlänge a = 3 cm. Es gilt: $\frac{\alpha}{2} = 20°$.

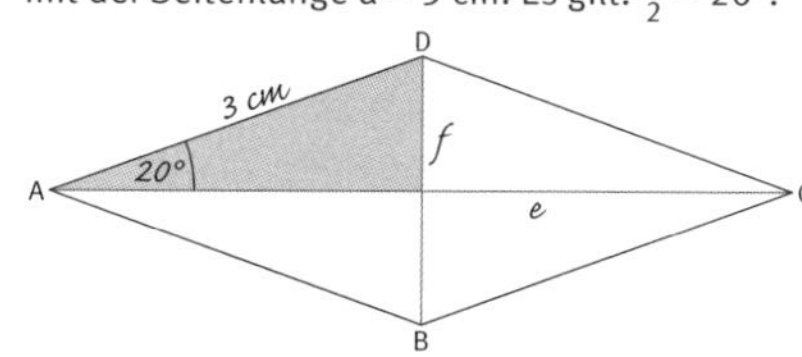

$\cos 20° = \frac{\frac{e}{2}}{3\,cm}$ $\frac{e}{2} = 3\,cm\cdot\cos 20°$

$e \approx 5{,}6\,cm$

$\sin 20° = \frac{\frac{f}{2}}{3\,cm}$ $\frac{f}{2} = 3\,cm\cdot\sin 20°$

$f \approx 2{,}1\,cm$

1 Kreuze alle Möglichkeiten an, die die Zusammenhänge richtig angeben.

a)
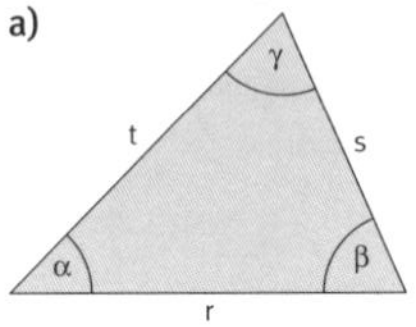

- ○ $\frac{r}{\sin\alpha} = \frac{t}{\sin\gamma}$
- ⊗ $\frac{s}{\sin\alpha} = \frac{t}{\sin\beta}$
- ○ $\frac{t}{\sin\beta} = \frac{r}{\sin\alpha}$
- ○ $\frac{s}{\sin\alpha} = \frac{r}{\sin\alpha}$

b)
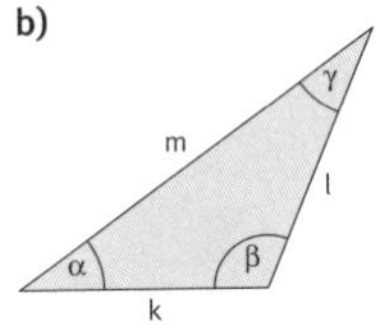

- ⊗ $\frac{l}{\sin\alpha} = \frac{k}{\sin\gamma}$
- ○ $\frac{k}{\sin\alpha} = \frac{m}{\sin\beta}$
- ⊗ $\frac{m}{\sin\beta} = \frac{l}{\sin\alpha}$
- ⊗ $\frac{k}{\sin\gamma} = \frac{l}{\sin\alpha}$

c)
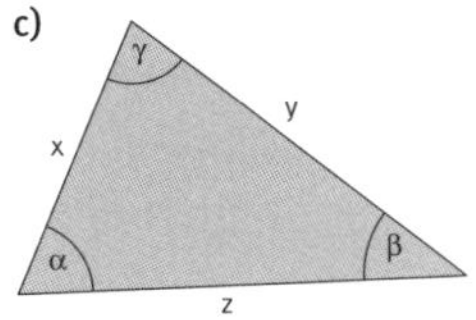

- ○ $\frac{\sin\alpha}{y} = \frac{\sin\beta}{z}$
- ⊗ $\frac{\sin\gamma}{z} = \frac{\sin\alpha}{y}$
- ○ $\frac{\sin\beta}{x} = \frac{\sin\gamma}{y}$
- ⊗ $\frac{y}{\sin\alpha} = \frac{z}{\sin\gamma}$

2 Ergänze in der Tabelle die fehlenden Größen des Dreiecks ABC. Runde geeignet.

	a)	b)	c)	d)	e)
a	7,5 cm	4,8 cm	≈ 7,5 m	≈ 4,0 cm	17,1 m
b	3,4 cm	≈ 6,4 cm	12,1 m	≈ 4,7 cm	≈ 9,2 m
c	≈ 8,3 cm	9,2 cm	≈ 12,7 m	5,6 cm	≈ 20,1 m
α	65°	≈ 29°	35°	45°	58°
β	≈ 24°	41°	68°	55°	27°
γ	91°	110°	77°	80°	95°

Hinweis: Je nach Reihenfolge der Rechnung sind teils andere Werte möglich.

3 Bei einer Aufforstung soll ein künftiges Waldgrundstück, das näherungsweise dreieckig ist, eingezäunt werden, um es vor Wildverbiss zu schützen. Berechne die Länge des dafür notwendigen Zauns. Entnimm die Angaben der Zeichnung.

$\alpha = 180° - 67° - 51° = 62°$

$\frac{c}{\sin 67°} = \frac{720\,m}{\sin 62°} \Rightarrow c \approx 751\,m$

$\frac{b}{\sin 51°} = \frac{720\,m}{\sin 62°} \Rightarrow b \approx 634\,m$

Zaunlänge: 2105 m

1 Stelle jeweils den Kosinussatz für das Dreieck mit den gegebenen Bezeichnungen auf.

a)
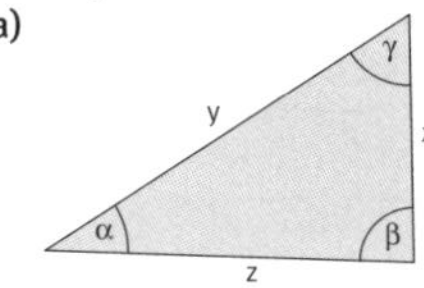

$x^2 = y^2 + z^2 - 2yz \cdot \cos\alpha$

$y^2 = x^2 + z^2 - 2xz \cdot \cos\beta$

$z^2 = x^2 + y^2 - 2xy \cdot \cos\gamma$

b)
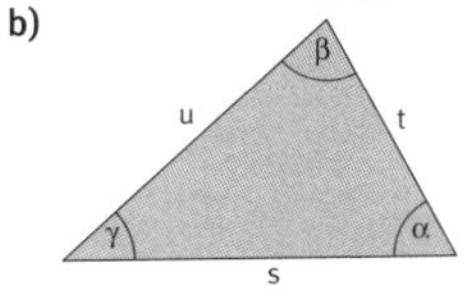

$s^2 = t^2 + u^2 - 2tu \cdot \cos\beta$

$t^2 = s^2 + u^2 - 2su \cdot \cos\gamma$

$u^2 = s^2 + t^2 - 2st \cdot \cos\alpha$

c)
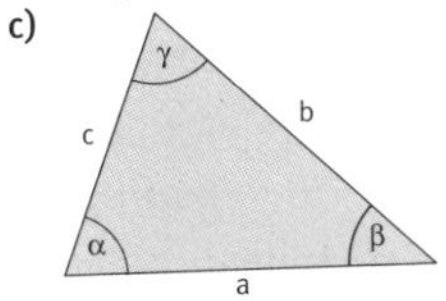

$a^2 = b^2 + c^2 - 2bc \cdot \cos\gamma$

$b^2 = a^2 + c^2 - 2ac \cdot \cos\alpha$

$c^2 = a^2 + b^2 - 2ab \cdot \cos\beta$

2 Zeige durch Umformung, dass der Satz des Pythagoras als Spezialfall des Kosinussatzes betrachtet werden kann. Gehe von einem Dreieck ABC mit γ = 90° aus.

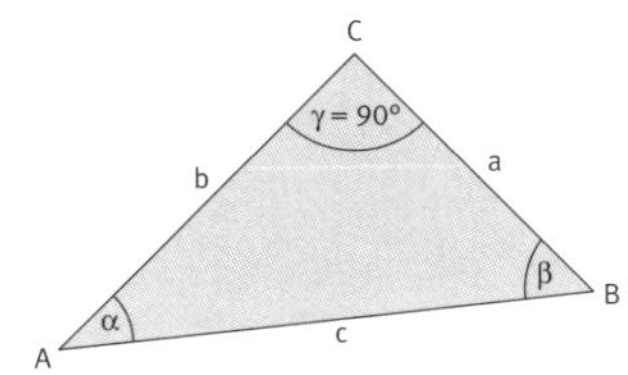

$c^2 = a^2 + b^2 - 2ab \cdot \cos\gamma$

$= a^2 + b^2 - \underbrace{2a \cdot b \cdot \cos 90°}_{0,\text{ wegen } \cos 90° = 0}$

$c^2 = a^2 + b^2$

3 Bestimme die Größe der Innenwinkel des Dreiecks ABC.

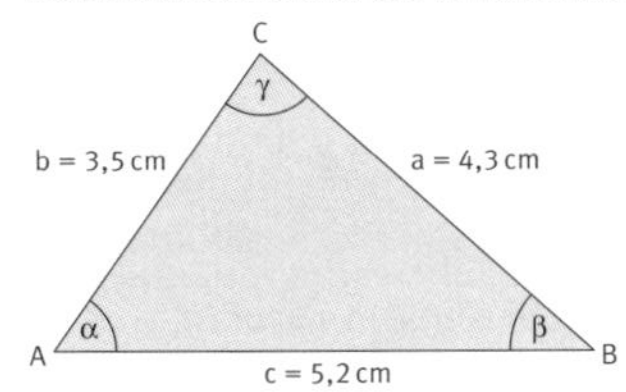

Lösungsmöglichkeit:

erster Winkel mit Kosinussatz, α ≈ 55,2°

zweiter Winkel mit Sinussatz, β ≈ 41,9°

dritter Winkel mit Innenwinkelsumme γ ≈ 82,9°

4 An einem Binnensee in Deutschland verbindet eine Fähre die beiden eingezeichneten Orte. Bestimme die Länge s der Strecke, die die Fähre zurücklegt.

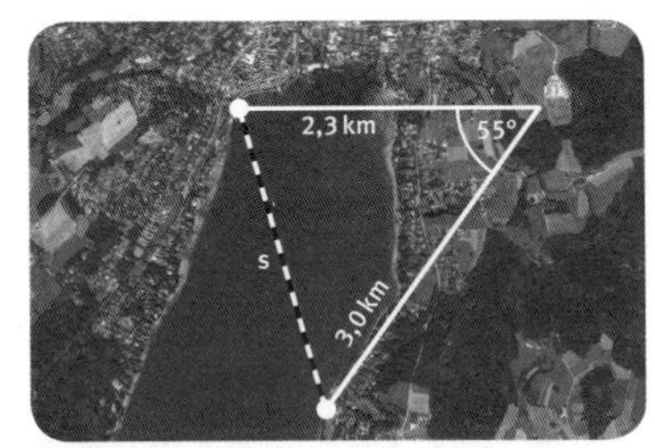

$s^2 = (2{,}3\,km)^2 + (3{,}0\,km)^2 - 2 \cdot 2{,}3 \cdot 3{,}0\,km^2 \cdot \cos 55°$

$s^2 = 5{,}29\,km^2 + 9\,km^2 - 13{,}8\,km^2 \cdot \cos 55°$

$s^2 \approx 6{,}37\,km^2$

$s \approx 2{,}5\,km$

Länge der Fährverbindung: 2,5 km

1 Schreibe drei Möglichkeiten auf, um den Flächeninhalt des Dreiecks zu berechnen.

a)

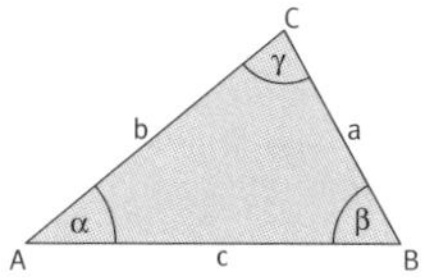

$A = \frac{1}{2} a \cdot b \cdot \sin\gamma$

$A = \frac{1}{2} b \cdot c \cdot \sin\alpha$

$A = \frac{1}{2} a \cdot c \cdot \sin\beta$

b)

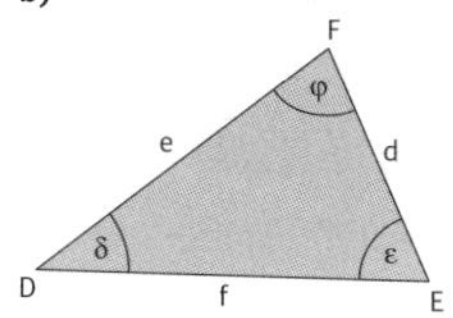

$A = \frac{1}{2} e \cdot f \cdot \sin\delta$

$A = \frac{1}{2} e \cdot d \cdot \sin\varphi$

$A = \frac{1}{2} d \cdot f \cdot \sin\varepsilon$

2 Berechne jeweils den Flächeninhalt der Dreiecke ABC. Die Lösungen ergeben in der Reihenfolge der Aufgabe einen Ort in Bayern.

a) a = 3,5 cm; b = 7,1 cm; γ = 32°	D	A ≈ 10,6 cm²
b) a = 6,2 cm; c = 4,3 cm; β = 85°	G	A ≈ 6,6 cm²
c) a = 4,8 cm; b = 7,6 cm; γ = 74°	G	A ≈ 5,6 cm²
d) b = 9,2 cm; c = 2,8 cm; α = 55°	I	A ≈ 10,3 cm²
e) b = 1,8 cm; c = 12,3 cm; α = 68°	E	A ≈ 17,5 cm²
f) a = 2,3 cm; c = 7,0 cm; β = 47°	R	A ≈ 13,3 cm²
g) b = 4,0 cm; c = 8,2 cm; α = 20°	N	A ≈ 5,9 cm²

Lösungswort: G R E D I N G

3 Frau Vollmer lässt ein 6,80 m breites Carport mit Satteldach bauen. Die vordere Dachfläche möchte sie noch mit Alublech verkleiden, um sie besser gegen Witterungseinflüsse zu schützen. Sie misst eine Dachschräge von 30° gegen die Horizontale. Wie viel Blech benötigt sie, wenn sie zusätzlich 10 % für Verschnitt einplant?

Dachlänge l: $\frac{l}{\sin 30°} = \frac{6{,}80\,m}{\sin 120°} \Rightarrow l \approx 3{,}93\,m$

$A = \frac{1}{2} \cdot 6{,}80\,m \cdot 3{,}93\,m \cdot \sin 30° \approx 6{,}7\,m^2$

Menge: $6{,}7\,m^2 \cdot 1{,}1 \approx 7{,}4\,m^2$

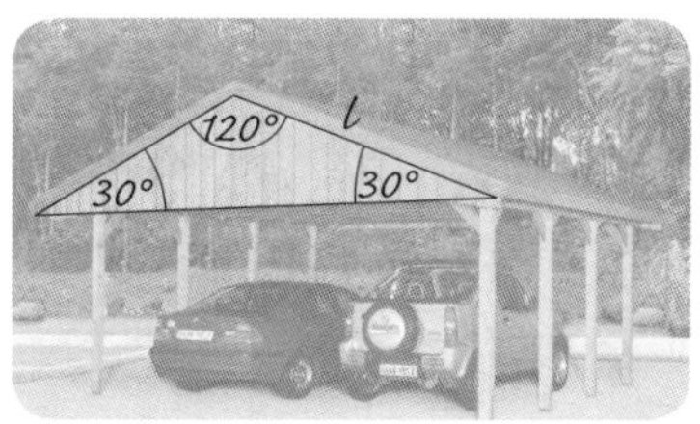

Frau Vollmer benötigt 7,4 m² Alublech.

4 Berechne den Flächeninhalt des Trapezes (b = d).

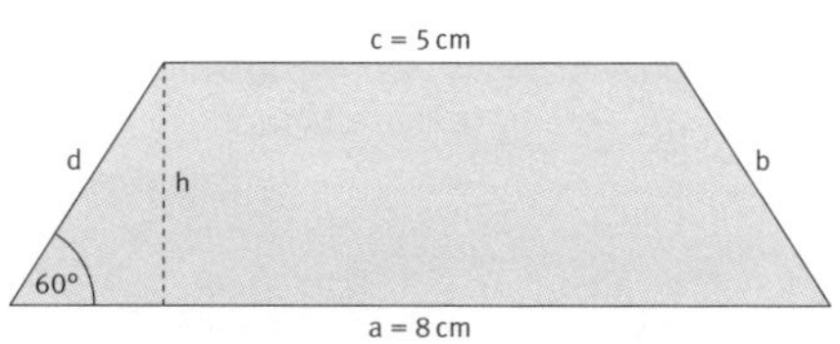

$h = 1{,}5\,cm \cdot \tan 60° \approx 2{,}6\,cm$

$A_{Tr} = \frac{1}{2} (a + c) \cdot h$

$A_{Tr} = \frac{1}{2} \cdot (8\,cm + 5\,cm) \cdot 2{,}6\,cm = 16{,}9\,cm^2$

A = $16{,}9\,cm^2$

1 Vervollständige. Bestimme notwendige Maße durch Messen.

	a)	b)
Netz	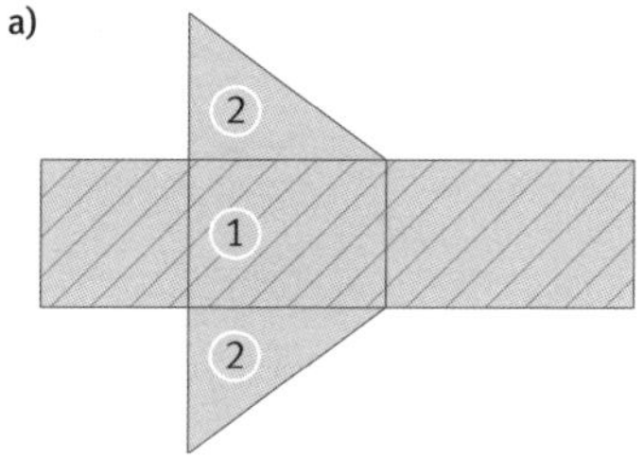	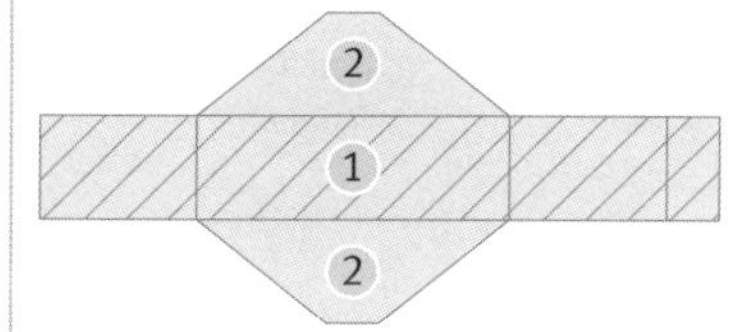
Form der Grundfläche	rechtwinkliges Dreieck	gleichschenkliges Trapez
Mantelfläche	$A_M = 6\,cm \cdot 1{,}5\,cm = 9\,cm^2$ (1)	$A_M = 6{,}5\,cm \cdot 1\,cm = 6{,}5\,cm^2$ (1)
Grundfläche	$A_G = \frac{1}{2} \cdot 2\,cm \cdot 1{,}5\,cm = 1{,}5\,cm^2$ (2)	$A_G = \frac{1}{2} (3\,cm + 0{,}5\,cm) \cdot 1\,cm$ (2) $A_G = 1{,}75\,cm^2$
Oberfläche	$O = 2 \cdot A_G + A_M$ $O = 2 \cdot 1{,}5\,cm^2 + 9\,cm^2 = 12\,cm^2$	$O = 2 \cdot A_G + A_M$ $O = 3{,}5\,cm^2 + 6{,}5\,cm^2 = 10\,cm^2$

2 Skizziere das Netz des Prismas und berechne den Inhalt seiner Oberfläche.

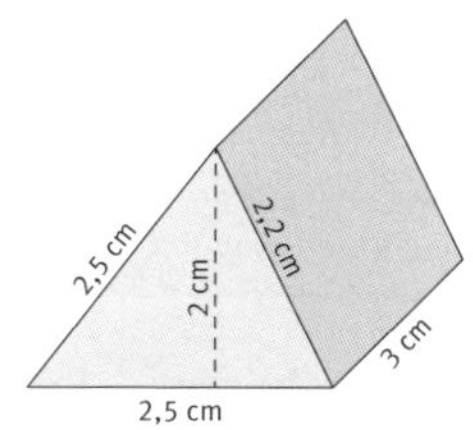

Skizze Netz:

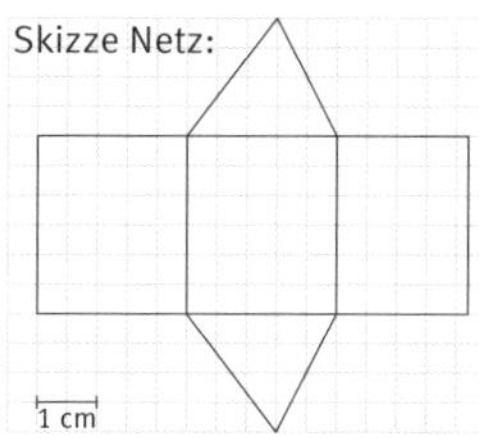

Rechnung:

$A_M = 7{,}2\,cm \cdot 3\,cm = 21{,}6\,cm^2$

$A_\Delta = \frac{1}{2} \cdot 2{,}5\,cm \cdot 2\,cm = 2{,}5\,cm^2$

$O = 2 \cdot A_\Delta + A_M = 2 \cdot 2{,}5\,cm^2 + 21{,}6\,cm^2 = 26{,}6\,cm^2$

3 Die Abbildung zeigt das Netz einer Blechdose, das aus einem Blechstück ausgestanzt wird,

a) Bestimme den Radius der Grundfläche.

$u = 47{,}1\,cm$

$u = 2 \cdot r \cdot \pi$

$r = \frac{u}{2 \cdot \pi} = \frac{47{,}1\,cm}{2 \cdot \pi} \approx 7{,}5\,cm$

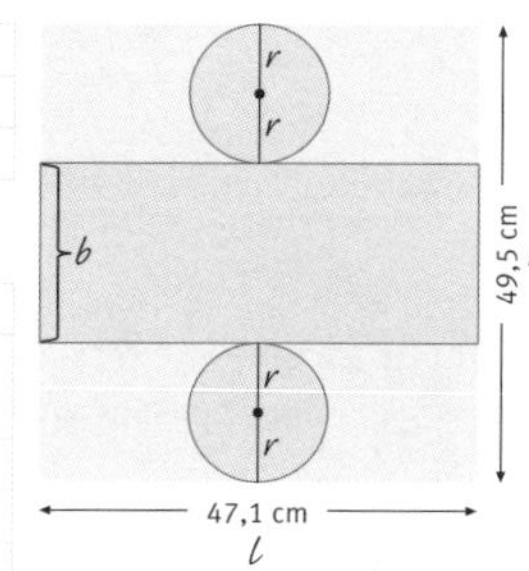

b) Bestimme den Inhalt der Oberfläche der Dose.

$A_G = r^2 \cdot \pi = (7{,}5\,cm)^2 \cdot \pi \approx 176{,}7\,cm^2$

$b = a - 4 \cdot r = 49{,}5\,cm - 4 \cdot 7{,}5\,cm = 19{,}5\,cm$

$A_M = l \cdot b = 47{,}1\,cm \cdot 19{,}5\,cm \approx 918{,}5\,cm^2$

$O = 2 \cdot A_G + A_M = 2 \cdot 176{,}7\,cm^2 + 918{,}5\,cm^2 = 1271{,}9\,cm^2$

1 Vervollständige die Tabelle. Runde auf eine Nachkommastelle.

	a)	b)
Netz	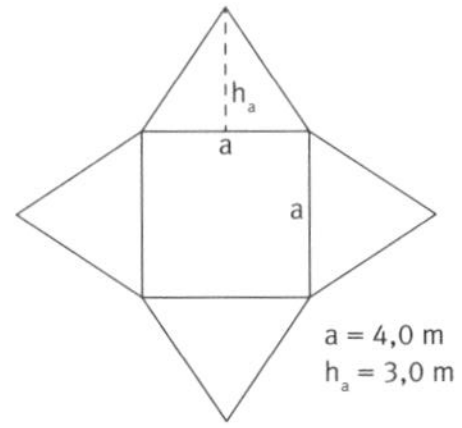	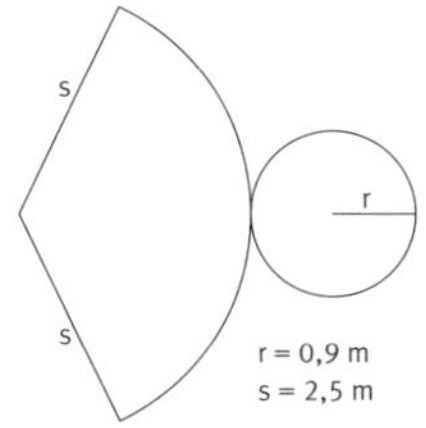
Körper	*regelmäßige Pyramide*	*Kreiskegel*
Berechnung der Mantelfläche	◯ $A_M = A_{Dreieck}$ bei dreieckiger Seitenfläche ◯ $A_M = a^2$ bei regelmäßiger Pyramide ⊗ $A_M = n \cdot A_{Dreieck}$ bei n-eckiger Pyramide	◯ $A_M = \pi \cdot r^2$ ⊗ $A_M = \pi \cdot r \cdot s$ ◯ $A_M = 2\pi \cdot r \cdot s$
Mantelfläche	$A_M = 4 \cdot (\frac{1}{2} \cdot 4{,}0\,m \cdot 3{,}0\,m) = 24{,}0\,m^2$	$A_M = \pi \cdot r \cdot s = \pi \cdot 0{,}9\,cm \cdot 2{,}5\,cm = 7{,}1\,cm^2$
Grundfläche	$A_g = a^2 = (4{,}0\,m)^2 = 16{,}0\,m^2$	$A_g = r^2 \cdot \pi = (0{,}9\,cm)^2 \cdot \pi = 2{,}5\,cm^2$
Oberfläche	$O = A_g + A_M = 40{,}0\,m^2$	$O = A_g + A_M = 9{,}6\,cm^2$

2 Berechne die fehlenden Werte. Runde auf eine Dezimale.

a)	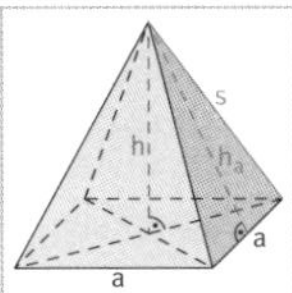	a	h	h_a	s	A_G	A_M	A_O
Pyramide 1		5,2 m	*8,7 m*	9,1 m	*9,5 m*	*27,0 m²*	*94,6 m²*	*121,6 m²*
Pyramide 2		*14,2 cm*	*19,8 cm*	*21,0 cm*	22,2 cm	201,6 cm²	*596,4 cm²*	*798,0 cm²*

b)	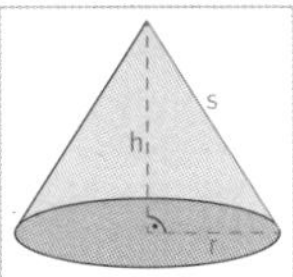	r	h	s	A_G	A_M	A_O
Kegel 1		8,5 dm	69 cm	*10,9 dm*	*227,0 dm²*	*291,1 dm²*	*518,1 dm²*
Kegel 2		*4,8 cm*	*6,4 cm*	8,0 cm	72,3 cm²	*120,6 cm²*	*192,9 cm²*

3 Den Eingang zum Musée du Louvre in Paris bildet eine 21,65 m hohe, regelmäßige Pyramide mit einer 1253,16 m² großen, quadratischen Grundfläche. Wie groß ist die Glasfläche der Pyramide? Runde auf eine Nachkommastelle.

$A_g = a^2 \Rightarrow a = \sqrt{A} = \sqrt{1253{,}16\,m^2} = 35{,}4\,m$

$h_a = \sqrt{(\frac{a}{2})^2 + h^2} = \sqrt{(17{,}7\,m)^2 + (21{,}65\,m)^2} \approx 28{,}0\,m$

$A_M = 4 \cdot A_\Delta = 4 \cdot \frac{1}{2} \cdot a \cdot h_a = 2 \cdot 35{,}4\,m \cdot 28{,}0\,m$

$A_M = 1982{,}4\,m^2$

1 Kreuze an, welche Formel das Volumen der Körper angibt. Es kann mehrere Lösungen geben.

a) 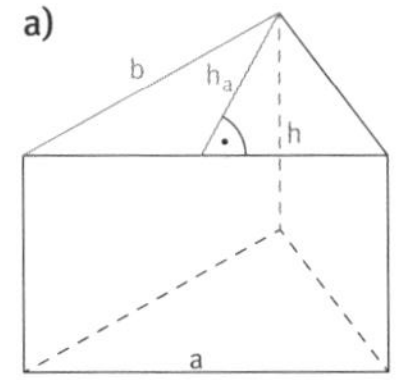

◯ $V = 0{,}5 \cdot b \cdot h_a \cdot h$
◯ $V = a \cdot h_a \cdot b$
◯ $V = h \cdot a \cdot b$
⊗ $V = 0{,}5 \cdot a \cdot h_a \cdot h$

b) 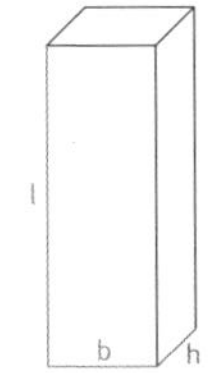

⊗ $V = b \cdot l \cdot h$
⊗ $V = (b \cdot h) \cdot l$
⊗ $V = 2 \cdot (0{,}5b \cdot l) \cdot h$
◯ $V = (0{,}5b \cdot h) \cdot l$

c) 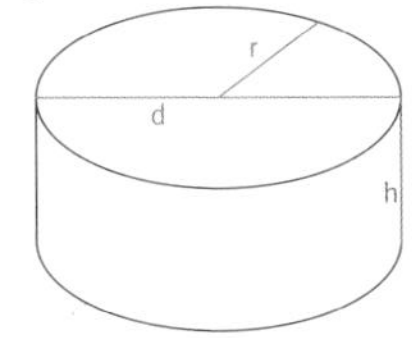

⊗ $V = r \cdot \pi \cdot r \cdot h$
⊗ $V = h \cdot (d : 2)^2 \cdot \pi$
◯ $V = h^2 \cdot \pi \cdot r$
⊗ $V = r^2 \cdot \pi \cdot h$

d) 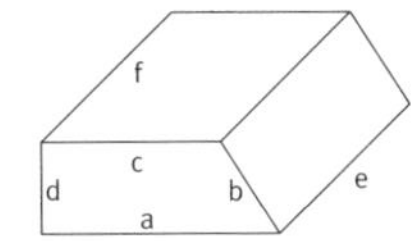

◯ $V = c \cdot f \cdot d$
◯ $V = (0{,}5a + c) \cdot d \cdot f$
⊗ $V = 0{,}5 \cdot (c + a) \cdot d \cdot e$
◯ $V = (a + b + c + d) \cdot e \cdot f$

2 a) Bei einem Milch-Laster hat der zylinderförmige Tank einen Durchmesser von 2,4 m und ist 8,2 m lang. Wie viel Liter Milch passen in den Tank?

$r = 0{,}5d = 0{,}5 \cdot 2{,}4\,m = 1{,}2\,m$

$V = r^2 \cdot \pi \cdot h = (1{,}2\,m)^2 \cdot \pi \cdot 8{,}2\,m = 37{,}1\,m^3$

$V = 37\,100\,dm^3 = 37\,100\,l$

Antwort: in den Tank passen etwa *37 100* l Milch.

b) Aus der Milch einer Tankladung können etwa 8445 dm³ Frischkäse hergestellt werden. Die Molkerei verwendet für unterschiedliche Verpackungsgrößen unterschiedliche Verpackungsformen.

① Die größere der beiden Packungen hat die gezeichnete Form und Größe. Welche Käsemenge passt in diesen Becher? Wie viele solcher Becher kann man mit der aus einer Tankladung hergestellten Käsemenge füllen?

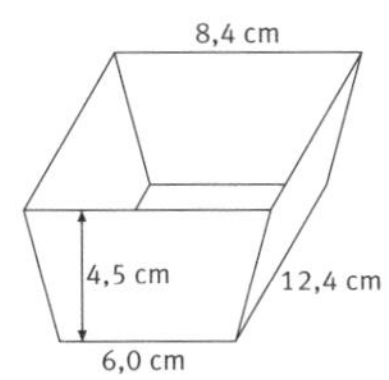

$A_g = \frac{1}{2} \cdot (6{,}0\,cm + 8{,}4\,cm) \cdot 4{,}5\,cm = 32{,}4\,cm^2$

$V_{Becher} = A_g \cdot h = 32{,}4\,cm^2 \cdot 12{,}4\,cm = 401{,}76\,cm^3 = 0{,}40176\,dm^3$

$n = V_{ges} : V_1 = 8445\,dm^3 : 0{,}40176\,dm^3 = 21\,020$

Es können 21 020 Becher befüllt werden.

② In das sogenannte „FRIKÄTÖ“ („Frischkäsetöpfchen“) passen 250 ml Käsemasse. Es hat innen einen Umfang von 18,85 cm. Wie hoch muss das „FRIKÄTÖ“ mindestens sein?

$V = 250\,ml = 250\,cm^3$	$A_g = r^2 \cdot \pi = (3{,}0\,cm)^2 \cdot \pi \approx 28{,}27\,cm^2$
$u = 2 \cdot r \cdot \pi \quad \vert : 2\pi$	$V = A_g \cdot h \quad \vert : A_g$
$r = \frac{u}{2\pi} = \frac{18{,}85\,cm}{2\pi}$	$h = \frac{V}{A_g} = \frac{250\,cm^3}{28{,}27\,cm^2} = 8{,}84\,cm$
$r \approx 3{,}0\,cm$	*Das „FRIKÄTÖ“ muss 8,9 cm hoch sein.*

1 Berechne die gesuchten Größen. Verwende für Rechnungen ein separates Blatt.

a)

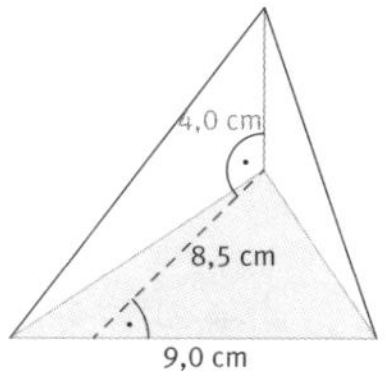

A_G = 38,25 cm^2

V = 51,00 cm^3

b)

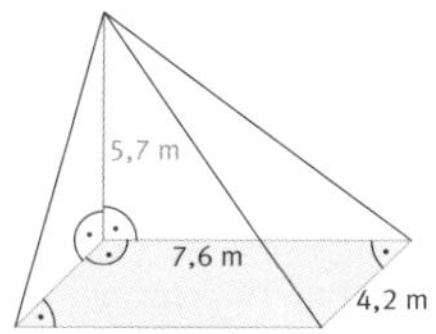

A_G = 31,92 m^2

V = 60,65 m^3

c)

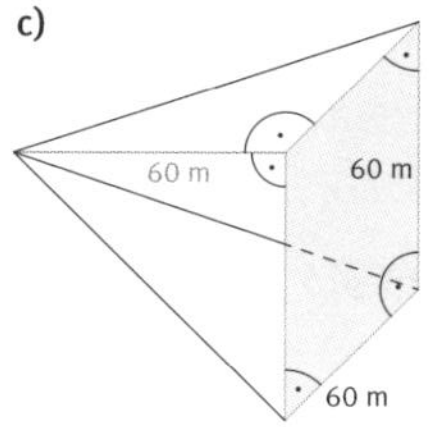

A_G = 3600 m^2

V = 72 000 m^3

d)

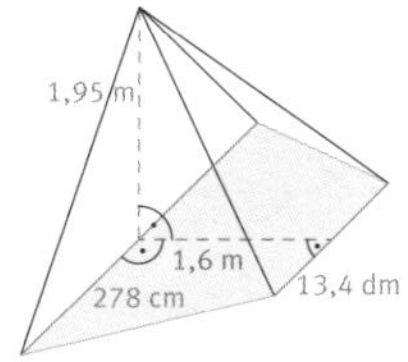

A_G = 329,6 dm^2

V = 2142,4 dm^3

2 Berechne das Volumen der quadratischen Pyramide. Verwende den Satz des Pythagoras.

a)

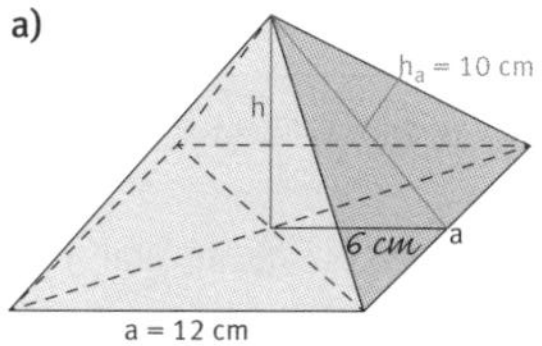

$h = \sqrt{(10\ cm)^2 - (6\ cm)^2}$

$h = 8\ cm$

$V = \frac{1}{3} \cdot 12\ cm \cdot 12\ cm \cdot 8\ cm$

V = 384 cm^3

b)

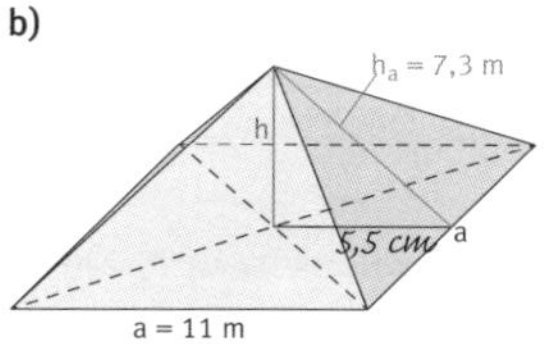

$h = \sqrt{(7{,}3\ m)^2 - (5{,}5\ m)^2}$

$h = 4{,}8\ m$

$V = \frac{1}{3} \cdot 11\ m \cdot 11\ m \cdot 4{,}8\ m$

V = 193,6 m^3

c)

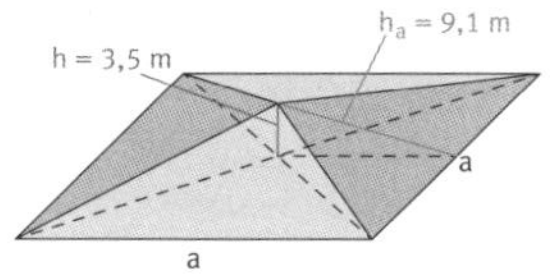

$0{,}5a = \sqrt{(9{,}1\ m)^2 - (3{,}5\ m)^2}$

$0{,}5a = 8{,}4\ m \Leftrightarrow a = 16{,}8\ m$

$V = \frac{1}{3} \cdot 16{,}8\ m \cdot 16{,}8\ m \cdot 3{,}5\ m$

V = 329,28 m^3

3 Eine Blumenampel hat die Form einer dreiseitigen Pyramide, bei der die Grundfläche ein gleichseitiges Dreieck mit einer Seitenlänge von 24 cm ist. Die Innenhöhe der Blumenampel beträgt 35 cm.
Wie viel Erde passt in den Blumentopf, wenn er voll gefüllt ist?

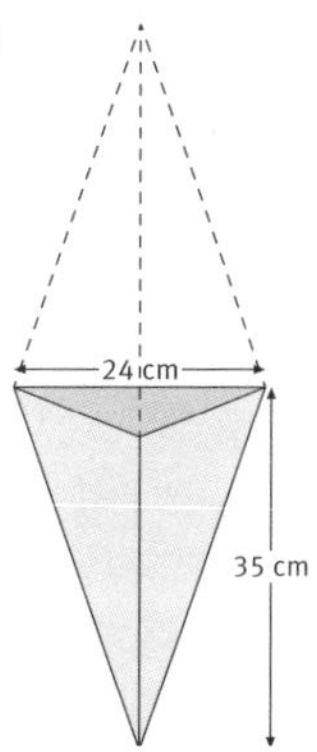

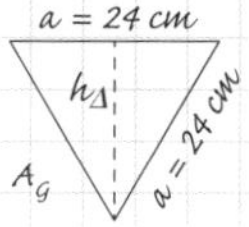

$h_\Delta = \sqrt{a^2 - (0{,}5a)^2} = \sqrt{(24\ cm)^2 - (12\ cm)^2}$

$h_\Delta \approx 20{,}8\ cm$

$A_G = \frac{1}{2} \cdot a \cdot h_\Delta = \frac{1}{2} \cdot 24\ cm \cdot 20{,}8\ cm = 249{,}6\ cm^2$

$V = \frac{1}{3} A_G \cdot h = \frac{1}{3} \cdot 249{,}6\ cm^2 \cdot 35\ cm = 2912\ cm^3 \approx 2{,}9\ dm^3$

Antwort: In den Blumentopf passen etwa 2,9 l Erde.

1 Berechne das Volumen des Kegels. Runde geeignet.

a)

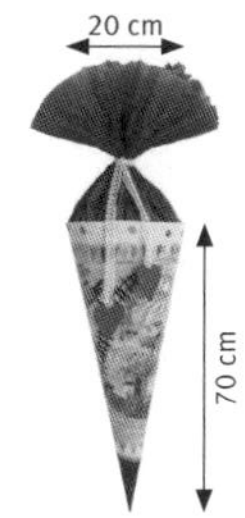

V = 7330 cm^3

b)

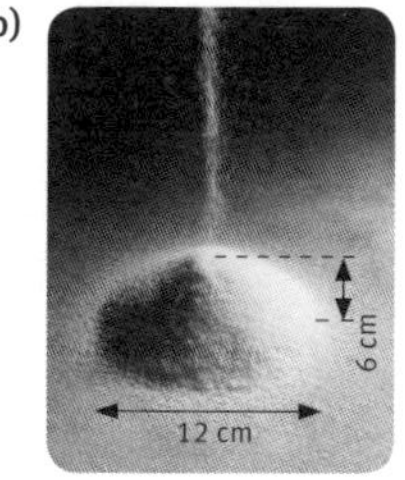

V = 226 cm^3

c)

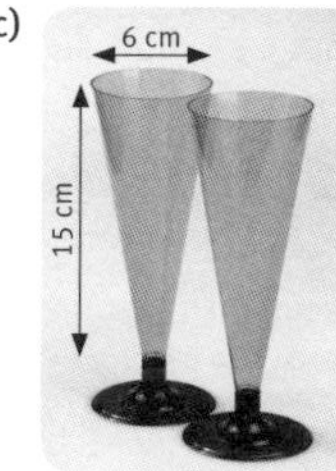

V = 141 ml

d)

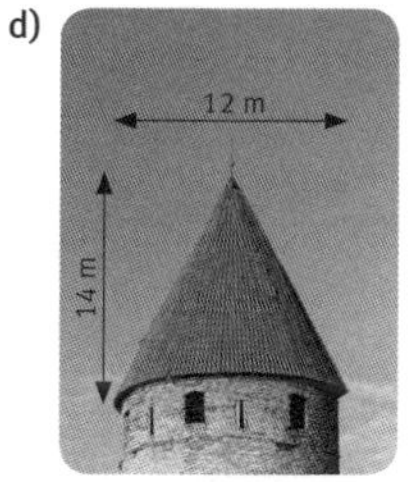

V = 528 m^3

2 Die Flächen rotieren um die Rotationsachse. Welche Körperform bzw. Volumenformel erhält man dabei?

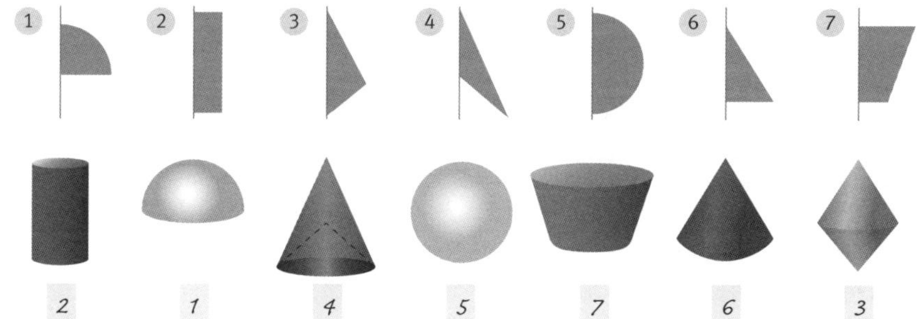

2 $r^2\pi h$	1 $\frac{2}{3}\pi r^3$	5 $\frac{4}{3}\pi r^3$	6 $\frac{1}{3}r^2\pi h$	3 $\frac{1}{3}r^2\pi h_1 + \frac{1}{3}r^2\pi h_2$	7 $\frac{1}{3}r_1^2\pi h_1 - \frac{1}{3}r_2^2\pi h_2$	4 $\frac{1}{3}r^2\pi h_1 - \frac{1}{3}r^2\pi h_2$

3 Berechne die fehlenden Kegelmaße.

	r	s	h	A_G	A_M	O	V
a)	0,80 m	0,97 m	0,54 m	2,01 m^2	2,44 m^2	4,45 m^2	0,36 m^3
b)	7,3 dm	11,7 dm	9,2 dm	167,4 dm^2	268,3 dm^2	435,7 dm^2	513,5 dm^3
c)	84 mm	105 mm	63 mm	22 167 mm^2	27 709 mm^2	49 876 mm^2	465 509 mm^3

4 In einem Kieswerk wird der geförderte Kies zu sogenannten Schüttkegeln aufgetürmt. Der abgebildete Schüttkegel hat einen Umfang von 21 m und eine Höhe von 2,8 m. Wie viele Kubikmeter Kies sind das?

$u = 2r\pi \Leftrightarrow r = \frac{u}{2 \cdot \pi} = \frac{21\ m}{2 \cdot \pi} \approx 3{,}3\ m$

$V = \frac{1}{3} \cdot r^2 \cdot \pi \cdot h = \frac{1}{3} \cdot (3{,}3\ m)^2 \cdot \pi \cdot 2{,}8\ m \approx 31{,}9\ m^3$

1 Berechne das Volumen der kugelförmigen Gegenstände. Runde auf eine Dezimale.

a) Murmel

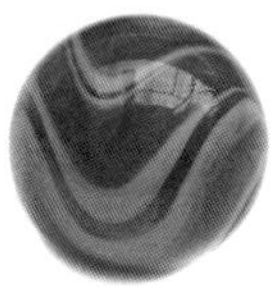

16 mm

$V = \underline{2144,7}$ mm³

b) Sitzball

8 dm

$V = \underline{268,1}$ dm³

c) Eiskugel

4,5 cm

$V = \underline{47,7}$ cm³

d) Zorbing-Kugel

3,1 m

$V = \underline{15,6}$ m³

e) Gastank

22,5 m

$V = \underline{5964,1}$ m³

2 Berechne die fehlenden Größen einer Kugel.

	a)	b)	c)	d)	e)	f)
r	3,0 cm	45 mm	60 dm	5,6 m	553,2 km	2,7 mm
d	6,0 cm	90 mm	120 dm	11,2 m	1106,4 km	5,4 mm
u	18,8 cm	283 mm	377 dm	35,2 m	3476 km	17,0 mm
V	113,1 cm³	381 704 mm³	904 779 dm³	735,6 m³	709 145 128 km³	82,4 mm³

3 Bowlingkugeln können unterschiedlich groß und verschieden schwer sein. Ihr Umfang darf jedoch nicht mehr als 27 Zoll betragen (1 Zoll = 2,54 cm).

a) Gib den Radius der größtmöglichen Kugel in Zoll und cm an.

$u = 2 \cdot r \cdot \pi \qquad r = \frac{u}{2 \cdot \pi} = \frac{27\ \text{Zoll}}{2 \cdot \pi} \approx 4,3\ \text{Zoll}$

$r = 4,3 \cdot 2,54\ \text{cm} \approx 10,9\ \text{cm}$

r = 4,30 Zoll r = 10,9 cm

b) Wie schwer ist die Bowlingkugel aus a), wenn 1 dm³ des Kugelmaterials 1,32 kg wiegt? Die Grifflöcher können vernachlässigt werden.

$V = \frac{4}{3} \cdot \pi \cdot r^3 = \frac{4}{3} \cdot \pi \cdot (10,9\ \text{cm})^3 = 5424,6\ \text{cm}^3$

$V = 5424,6\ \text{cm}^3 = 5,4246\ \text{dm}^3 \qquad m = 5,4246 \cdot 1,32\ \text{kg} = 7,16\ \text{kg}$

$m_{Kugel} = \underline{7,16}$ kg

4 Eine Schneekugel hat einen Innendurchmesser von 8,6 cm. Die in der Kugel enthaltene Figur nimmt 18 % des gesamten Innenvolumens ein. Wie viel Wasser kann eingefüllt werden, damit die Kugel ohne Luftblasen verschlossen werden kann?

$V_{Kugel} = \frac{4}{3} \cdot \pi \cdot r^3 = \frac{4}{3} \cdot \pi \cdot (4,3\ \text{cm})^3 \approx 333,0\ \text{cm}^3$

$V_{Figur} = 0,18 \cdot 333,0\ \text{cm}^3 \approx 59,9\ \text{cm}^3$

$V_{Wasser} = V_{Kugel} - V_{Figur} = 333,0\ \text{cm}^3 - 59,9\ \text{cm}^3 = 273,1\ \text{cm}^3$

$V_{Wasser} = \underline{273,1}$ ml

1 Berechne die Oberfläche der kugelförmigen Gegenstände. Runde auf eine Dezimale.

a) Weihnachtskugel

7 cm

$O = \underline{153,9}$ cm²

b) Seifenblase

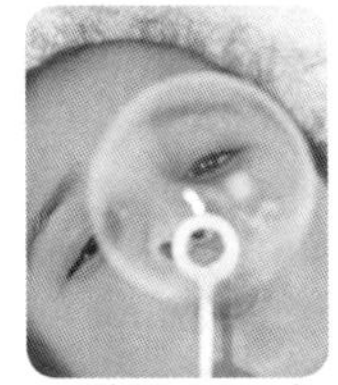

5,4 cm

$O = \underline{91,6}$ cm²

c) Fußball

21,8 cm

$O = \underline{14,9}$ dm²

d) Riesenballon

210 cm

$O = \underline{13,9}$ m²

e) Kuppel

26 m

$O = \underline{1061,9}$ m²

2 Berechne die fehlenden Größen der Kugel. Runde gegebenenfalls geeignet.

	a)	b)	c)	d)	e)	f)
r	20 cm	7 mm	4 m	9 m	1,5 mm	4,2 dm
d	40 cm	14 mm	8 m	18 m	3,0 mm	8,4 dm
u	125,7 cm	44,0 mm	25,12 m	56,55 m	9,4 mm	26,4 dm
O	5027 cm²	615,8 mm²	201,06 m²	1017,88 m²	28,3 mm²	221,67 dm²
V	33 510 cm³	1436,8 mm³	268,08 m³	3053,63 m³	14,1 mm³	310,34 dm³

3 Ein Tennisball hat einen Umfang von 21,2 cm, ein Tischtennisball hat einen Durchmesser von 40 mm.

a) Berechne den Inhalt der Oberfläche beider Bälle.

TB: $r = \frac{u}{2 \cdot \pi} = \frac{21,2\ \text{cm}}{2 \cdot \pi} \approx 3,4\ \text{cm}$

$O = 4 \cdot r^2 \cdot \pi = 4 \cdot (3,4\ \text{cm})^2 \cdot \pi \approx 145,3\ \text{cm}^2$

TTB: $r = 0,5 \cdot d = 20\ \text{mm} = 2,0\ \text{cm}$

$O = 4 \cdot r^2 \cdot \pi = 4 \cdot (2,0\ \text{cm})^2 \cdot \pi \approx 50,3\ \text{cm}^2$

b) Die Oberfläche des Tischtennisballs beträgt etwa $\underline{34,6}$ % der Oberfläche des Tennisballs.

4 Kreuze die richtige Antwort an. Du kannst auch mit dem Radius r = 1 cm ausprobieren.

a) Wenn sich der Radius einer Kugel verdoppelt, dann ... sich ihre Oberfläche.
◯ verdoppelt ⊗ vervierfacht ◯ verachtfacht

b) Wenn sich der Radius einer Kugel verdreifacht, dann ... sich ihre Oberfläche.
◯ verdreifacht ◯ versechsfacht ⊗ verneunfacht

c) Wenn sich der Radius einer Kugel verzehnfacht, dann ... sich ihre Oberfläche.
◯ verzehnfacht ◯ verzwanzigfacht ⊗ verhundertfacht

d) Wenn sich der Radius einer Kugel verdoppelt, dann ... sich ihr Volumen.
◯ verdoppelt ◯ vervierfacht ⊗ verachtfacht

1 Einem Kegel (h_K = 6 cm) mit Grundkreisradius r_K = 4 cm wird ein Zylinder mit r_z (x) = x cm einbeschrieben.

a) Beschrifte die Zeichnung mit den gegebenen Angaben.

b) Berechne die Höhe h (x) des Zylinders in Abhängigkeit von x.

$\frac{h_s}{h_K} = \frac{r_Z}{r_K}$ Einsetzen: $\frac{h_s}{6\,cm} = \frac{x\,cm}{4\,cm}$

h_s = 1,5x cm $\Rightarrow$ h (x) = h_K − h_s = (6 − 1,5x) cm

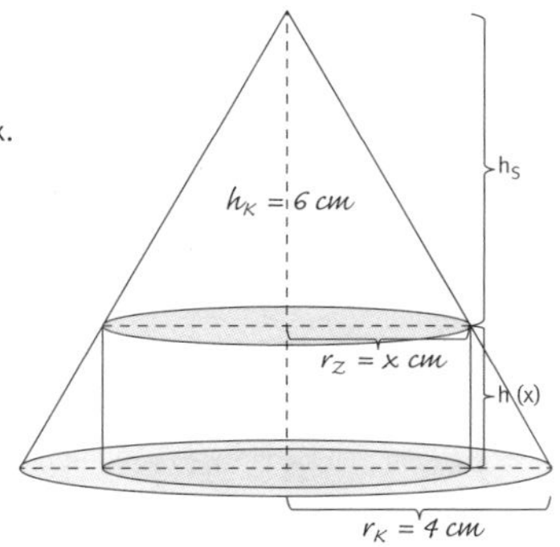

c) Welche Werte sind für x sinnvoll?

x ∈]0; 4[

d) Begründe, weshalb es keinen Zylinder mit einem Radius von 4 cm gibt.

Für r_z = 4 cm, also x = 4, würde die Zylinderhöhe 0 cm betragen, sodass kein Zylinder mehr vorliegt.

e) Zeige rechnerisch, dass sich das Volumen der Zylinder in Abhängigkeit von x folgendermaßen beschreiben lässt:
V (x) = $x^2 \cdot \pi \cdot (6 - 1{,}5x)$ cm^3

$V(x) = r_z^2 \cdot \pi \cdot h(x)$

$= (x\,cm)^2 \cdot \pi \cdot (6 - 1{,}5x)\,cm$

$= x^2 \cdot \pi \cdot (6 - 1{,}5x)\,cm^3$

f) Berechne die Volumina der Zylinder für x ∈ {0,5; 2,5; 3,5}.

V (0,5) = $0{,}5^2 \cdot \pi \cdot (6 - 1{,}5 \cdot 0{,}5)\,cm^3 \approx 4{,}12\,cm^3$

V (2,5) = $2{,}5^2 \cdot \pi \cdot (6 - 1{,}5 \cdot 2{,}5)\,cm^3 \approx 44{,}18\,cm^3$

V (3,5) = $3{,}5^2 \cdot \pi \cdot (6 - 1{,}5 \cdot 3{,}5)\,cm^3 \approx 28{,}86\,cm^3$

g) Durch welchen Term wird die Mantelfläche der Zylinder in Abhängigkeit von x beschrieben?
⊗ M (x) = $(-3\pi x^2 + 12\pi x)$ cm^3 ⊗ M (x) = $-3\pi(x^2 - 4x)$ cm^3 ⊗ M (x) = $2\pi x(6 - 1{,}5x)$ cm^3

h) Für welchen Wert von x erhält man den Zylinder mit der größten Mantelfläche? Gib diesen Flächeninhalt sowie den Durchmesser und die Höhe dieses Zylinders an.

$M(x) = -3\pi(x^2 - 4x)\,cm^2$

$= -3\pi[(x-2)^2 - 2^2]\,cm^2$

$= [-3\pi(x-2)^2 + 12\pi]\,cm^2$

$M_{max} = 12\pi \cdot cm^2$ für x = 2

M ≈ $37{,}7\,cm^2$

d = 2 · 2 cm = 4 cm

h = (6 − 1,5 · 2) cm = 3 cm

1 Einem Quader ABCDEFGH mit den Kantenlängen a = b = 4 cm und der Höhe h = 6 cm ist eine gerade Pyramide wie abgebildet einbeschrieben.

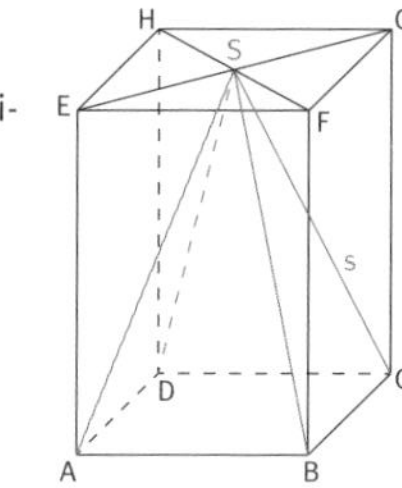

a) Trage jeweils zunächst die Maße bzw. das gesuchte Teilstück in die Hilfsdreiecke ein. Runde Längen und Winkelmaße auf eine Dezimale.

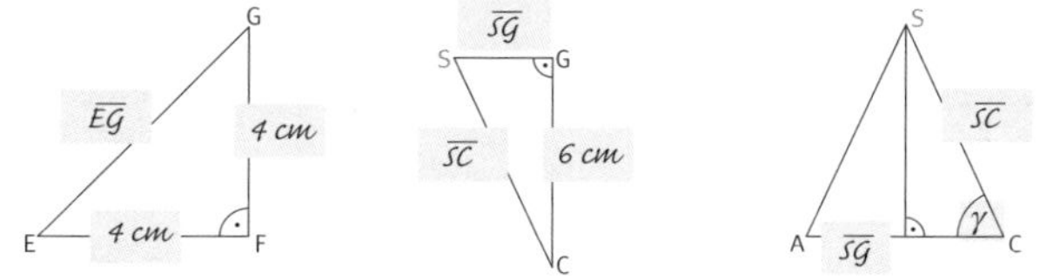

b) Berechne das Maß γ des Neigungswinkels der Seitenkante s gegenüber der Grundfläche.

$\overline{EG}^2 = (4\,cm)^2 + (4\,cm)^2$ $\tan\gamma = \frac{6\,cm}{2{,}8\,cm} = 2{,}14$

$\overline{EG} = 5{,}7\,cm$ $\gamma = 65{,}0°$

$\Rightarrow \overline{SG} = 2{,}8\,cm$

c) Berechne den Inhalt der Oberfläche der Pyramide.

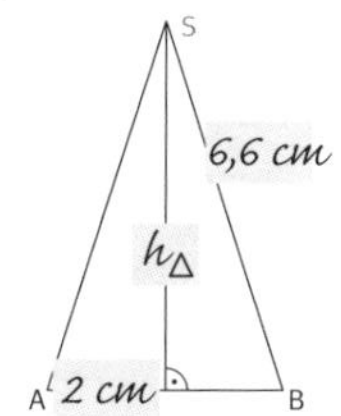

$h_\Delta^2 = (6{,}6\,cm)^2 - (2\,cm)^2$

$h_\Delta = 6{,}3\,cm$

$O_{Pyramide} = (4\,cm)^2 + 4 \cdot \frac{1}{2} \cdot 4\,cm \cdot 6{,}3\,cm$

$O_{Pyramide} = 66{,}4\,cm^2$

2 Gegeben ist ein Quader ABCDEFGH. Berechne den Flächeninhalt des Dreiecks ACP. Trage dazu die benötigten Maße in die Teildreiecke ein. Es gilt:
$\overline{AB}$ = 7 cm; $\overline{AE}$ = 3 cm; $\overline{BC}$ = 6 cm; $\overline{HP}$ = 2 cm; $\overline{AP}$ = 7 cm

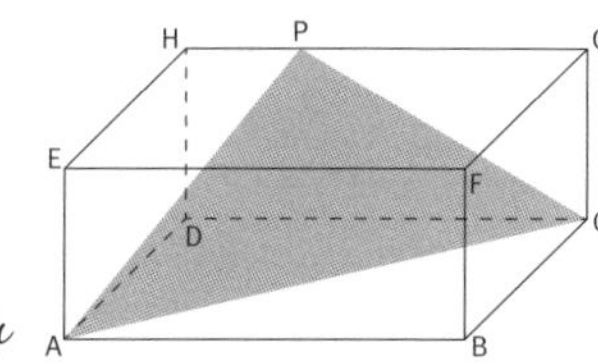

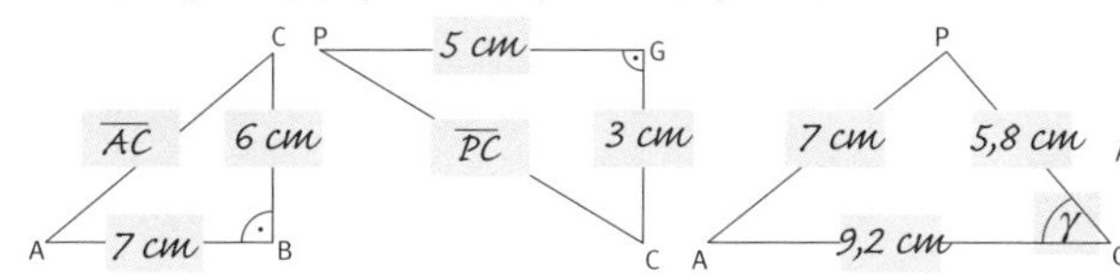

$\overline{AC}^2 = (7\,cm)^2 + (6\,cm)^2$ $\overline{PC}^2 = (5\,cm)^2 + (3\,cm)^2$

$\overline{AC} = 9{,}2\,cm$ $\overline{PC} = 5{,}8\,cm$

$\cos\gamma = \frac{(5{,}8\,cm)^2 + (9{,}2\,cm)^2 - (7\,cm)^2}{2 \cdot 5{,}8\,cm \cdot 9{,}2\,cm} = 0{,}65 \Rightarrow \gamma = 49{,}5°$

$A_{\Delta ACP} = \frac{1}{2} \cdot 5{,}8\,cm \cdot 9{,}2\,cm \cdot \sin 49{,}5° = 20{,}3\,cm^2$

1 Entscheide zuerst für jede Funktionsgleichung, in welchen Quadranten (I und III bzw. II und IV) die zugehörigen Graphen verlaufen müssen. Ordne dann die gezeichneten Graphen den Funktionsgleichungen zu.

	I–III	II–IV	
$y = \frac{0,5}{x}$	×		f_5
$y = \frac{-3,5}{x}$		×	f_4
$y = \frac{-8}{x}$		×	f_6
$y = \frac{3}{x}$	×		f_1
$y = \frac{-1}{x}$		×	f_2
$y = \frac{7}{x}$	×		f_3

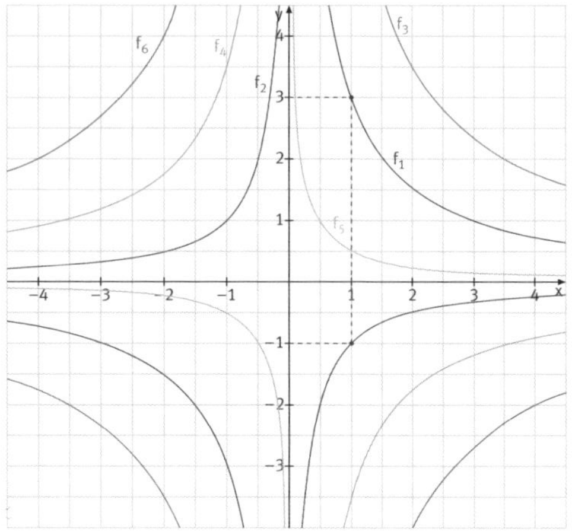

2 Alle gegebenen Punkte gehören zu einer Funktion der Form $y = \frac{k}{x}$ ($\mathbb{G} = \mathbb{Q} \times \mathbb{Q}$; $k \in \mathbb{Q} \setminus \{0\}$). Ordne jedem Punkt den passenden Wert für k zu.

A (0,5|0,4) B (4|−1,25) C (0,25|2) D (−2,5|−4) E (0,25|3) F (0,2|4)

$k = \frac{1}{2}$ $k = -3$ $k = -5$ $k = \frac{4}{5}$ $k = 0,2$ $k = \frac{3}{4}$ $k = 10$

G (−0,5|10) H (0,5|−6) I (−0,1|−5) J (−25|−0,4) K (0,75|1) A (0,02|10)

3 Auf der linken Seite eines insgesamt 100 cm langen, zweiarmigen Hebels wird ein Massestück befestigt. Um den Hebel im Gleichgewicht zu halten, wird auf der rechten Seite des Hebels eine Kraft $\vec{F}_R$ ausgeübt (Maßzahl y). Diese Kraft $\vec{F}_R$ muss umso größer sein, je kleiner der Hebelarm x (Abstand vom Drehpunkt zum Angriffspunkt der Kraft) ist.

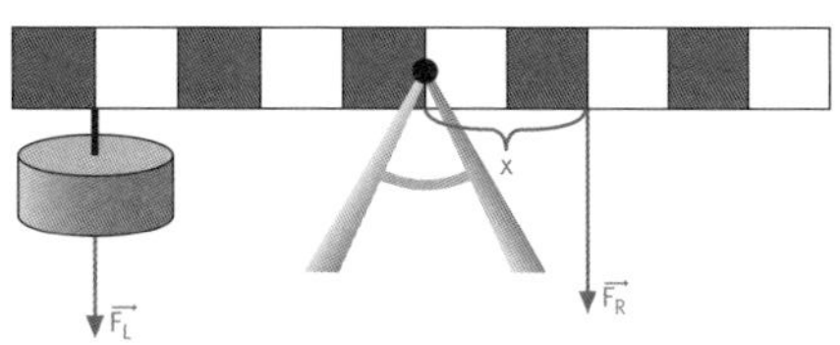

a) Bei einem Versuch wurden schon die ersten Messergebnisse in eine Tabelle eingetragen. Welche weiteren Werte sind zu erwarten?

x in cm	12	16	10	5	3	32
y in N	40	30	48	96	160	15

b) Gib den Proportionalitätsfaktor k (als Maßzahl) an. k = 480

c) Mit welcher Funktionsgleichung lässt sich der Zusammenhang zwischen der Maßzahl x des Hebelarmes und der Maßzahl y der nötigen Kraft $\vec{F}_R$ darstellen? $y = \frac{480}{x}$

d) Gib die Definitionsmenge für x an. $\mathbb{D} =]0; 50]$

1 Vervollständige die Wertetabelle. Runde auf eine Dezimale.

	x	−2	−1,5	−1	−0,5	0	0,5	1	1,5	2
a)	$y = 3^x$	0,1	0,2	0,3	0,6	1	1,7	3	5,2	9
b)	$y = 0,5^x$	4	2,8	2	1,4	1	0,7	0,5	0,4	0,3
c)	$y = 3 \cdot \left(\frac{1}{2}\right)^x$	12	8,5	6	4,2	3	2,1	1,5	1,1	0,8

2 Welche Funktionsgleichung ist die richtige?

a)

x	0,5	1,5	2,5
y	0,5	2	8

○ $y = \frac{1}{2} \cdot 2^x$ ○ $y = \frac{2}{5} \cdot 3^x$ ⊗ $y = \frac{1}{4} \cdot 4^x$

b)

x	2	3	5
y	1,6	1,28	0,8192

○ $y = 2 \cdot 0,7^x$ ○ $y = 1,5 \cdot 0,6^x$ ⊗ $y = 2,5 \cdot 0,8^x$

c)

x	0	1	2
y	−2,2	−4,4	−8,8

○ $y = -2,2 \cdot 3^x$ ⊗ $y = -2,2 \cdot 2^x$ ○ $y = 2,2 \cdot 3^x$

3 Der Graph stellt die Zerfallskurve eines radioaktiven Präparats dar, von dem zu Anfang 30 g vorhanden sind.

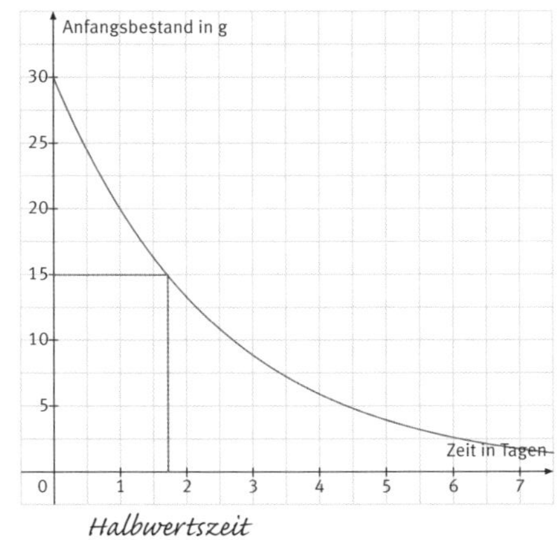

a) Bestimme f (1). f (1) = 20

b) Ermittle eine Funktionsgleichung für den Zerfallsprozess.

$f(x) = 30 \cdot a^x$

$f(1) = 20 = 30 \cdot a^1$

$\frac{20}{30} = \frac{2}{3} = a$

$\Rightarrow f(x) = 30 \cdot \left(\frac{2}{3}\right)^x$

c) Stelle in der Grafik die Halbwertszeit dar und lies ihren Wert ab.

Halbwertszeit: x ≈ 1,7 (Tage)

4 Berechne die fehlenden Werte.

	a)	b)	c)	d)
K	72 000,00 €	20 000,00 €	432,50 €	1800,00 €
p	4,1	1,5	0,4	2
n	30 Jahre	2 Jahre	1,5 Jahre	4 Jahre
K (n)	240 355,68 €	20 604,50 €	435,10 €	1948,38 €
Gleichung	$K(n) = 72\,000,00 € \cdot 1,041^n$	$K(n) = 20\,000,00 € \cdot 1,015^n$	$K(n) = 432,50 € \cdot 1,004^n$	$K(n) = 1800,00 € \cdot 1,02^n$

1 Eine Bakterienkultur bedeckt zu Beginn eines Versuchs um 9.00 Uhr einen Teil der Fläche einer 28 cm^2 großen Petrischale. Die von Bakterien bedeckte Fläche y cm^2 kann in Abhängigkeit von der Anzahl x der seit Versuchsbeginn vergangenen Stunden durch die Gleichung $y = 2 \cdot 1{,}15^x$ angegeben werden.

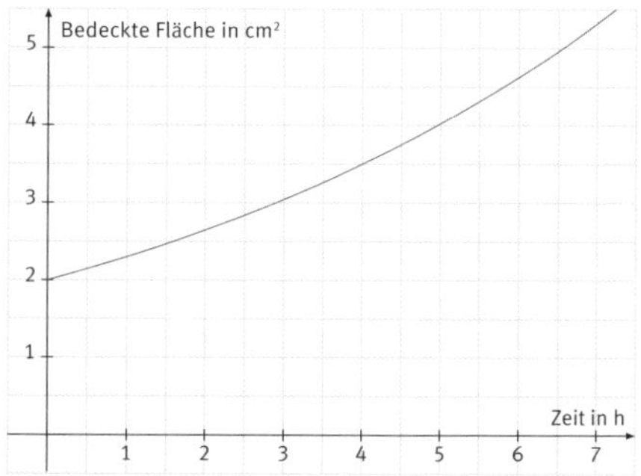

a) Wie groß ist die von Bakterien bedeckte Fläche am Anfang des Versuchs? *2* cm^2

b) Um wie viel Prozent wächst die Fläche stündlich? um *15* %

c) Der Versuch soll gestoppt werden, wenn 5 cm^2 der Fläche bedeckt sind. Um wie viel Uhr wird das ungefähr passieren? um ca. *15.30* Uhr

d) Berechne, welche Fläche nach 9 Stunden von Bakterien bedeckt wären. Runde auf Ganze cm^2.

$y = 2 \cdot 1{,}15^9 = 7$ *Es sind rund 7 cm^2 bedeckt.*

2 Ein Eiszapfen taut. Entnimm den Darstellungen die Länge des Eiszapfens zu den entsprechenden Zeiten. Ermittle eine Funktionsgleichung, die die Längenänderung ab Beginn der Messung beschreibt.

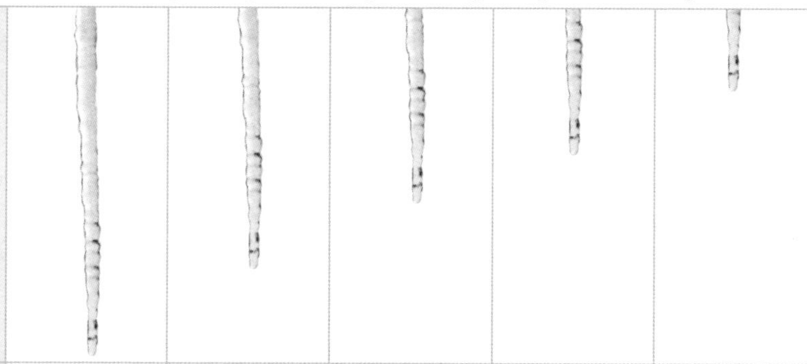

Uhrzeit: Länge	10 Uhr: *6,4 cm*	11 Uhr: *4,8 cm*	12 Uhr: *3,6 cm*	13 Uhr: *2,7 cm*	15 Uhr: *1,5 cm*
Gleichung	*$f(t) = 6{,}4\,cm \cdot 0{,}75^t$ mit t: Zeit in h*				

3 Kreuze die zutreffenden Aussagen an.

◯ Ist in einer Funktion der Form $y = k \cdot a^x$ die Basis $a > 0$, so liegt exponentielles Wachstum vor.
⊗ Exponentielles Wachstum bedeutet: Vervielfachung der Werte in gleichen Zeiträumen um denselben Faktor.
◯ Die Graphen aller Exponentialfunktionen mit der Gleichung $y = k \cdot a^x$ verlaufen durch den Punkt P (1|0).

1 Die Stadt Logoville verzeichnete vom 31.12.2015 zum 31.12.2016 ein Bevölkerungswachstum von 2,94 %. Die Einwohnerzahl betrug am 31.12.2016 somit 1 436 725. Würde das Wachstum sich so fortsetzen, könnte die Einwohnerzahl y nach x Jahren ab dem 31.12.2016 durch die Funktion
f: $y = 1\,436\,725 \cdot 1{,}0294^x$ mit $\mathbb{G} = \mathbb{R}_0^+ \times \mathbb{R}_0^+$ beschrieben werden.

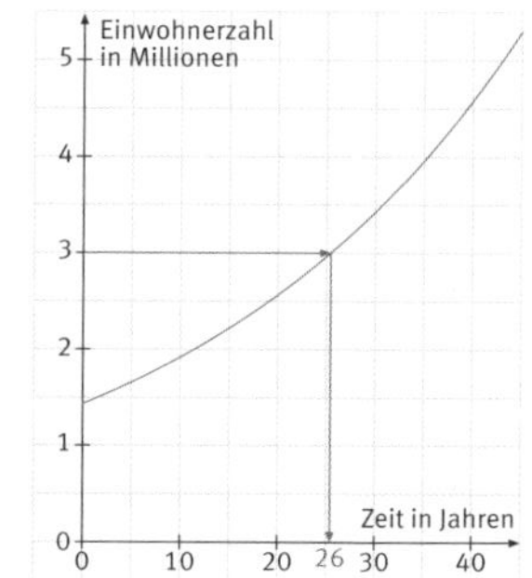

a) Berechne, wie viele Einwohner Logoville demzufolge am 31.12.2028 hätte.

Vom 31.12.2016 zum 31.12.2028 sind es 12 Jahre.

$y = 1\,436\,725 \cdot 1{,}0294^{12}$ $y = 2\,034\,153$

Am 31.12.2028 hätte Logoville demzufolge 2 034 153 Einwohner.

b) Entnimm dem oben abgebildeten Diagramm, nach wie vielen Jahren die Einwohnerzahl die 3-Millionen-Marke erstmals überschreiten würde.

Die Einwohnerzahl würde die 3-Millionen-Marke erstmals nach ca. 26 Jahren überschreiten. (Hinweis: Versuche, auf einen Millimeter genau abzulesen.)

c) In Logoville werden im Durchschnitt jährlich 1750 Babys mehr geboren als Einwohner sterben. Gib an, welches der Diagramme A, B und C die Entwicklung der Einwohnerzahl zutreffend darstellt, wenn man nur diesen Zusammenhang berücksichtigt. Begründe deine Wahl.

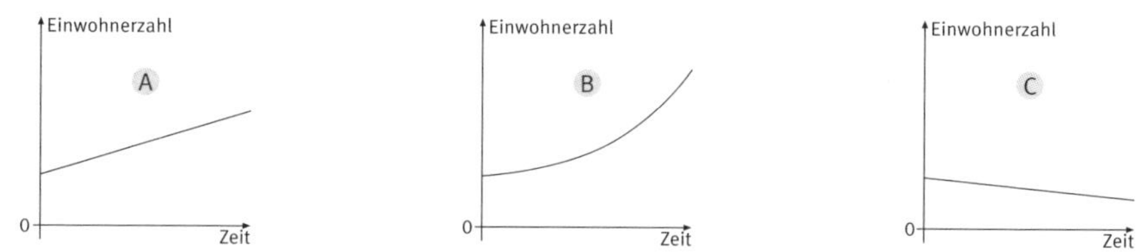

Diagramm A stellt diese Entwicklung zutreffend dar.

Z. B.: Werden im Durchschnitt jährlich 1750 Babys mehr geboren als Einwohner sterben, so entspricht dies einem linearen Wachstum.

(Hinweis: Diagramm B stellt kein lineares Wachstum der Einwohnerzahl dar. Diagramm C stellt kein lineares Wachstum, sondern eine lineare Abnahme der Einwohnerzahl dar.)

2 Die Parabel p verläuft durch A (−2|3) und C (6|3). Sie hat eine Gleichung der Form $y = 0{,}5x^2 + bx + c$ mit $\mathbb{G} = \mathbb{R} \times \mathbb{R}$ und $b, c \in \mathbb{R}$. Die Gerade g hat die Gleichung $y = -0{,}25x + 5{,}5$ mit $\mathbb{G} = \mathbb{R} \times \mathbb{R}$.

a) Zeige durch Berechnung der Werte für b und c, dass die Parabel p die Gleichung $y = 0{,}5x^2 - 2x - 3$ hat und zeichne die Parabel p sowie die Gerade g in das Koordinatensystem.

A (−2|3) ∈ p und C (6|3) ∈ p:

$$\text{I} \quad 3 = 0{,}5 \cdot (-2)^2 + b \cdot (-2) + c$$

$$\wedge \ \text{II} \quad 3 = 0{,}5 \cdot 6^2 + b \cdot 6 + c$$

$$b = -2 \qquad b, c \in \mathbb{R}$$

$$\Leftrightarrow \ \wedge \ c = -3 \qquad \mathbb{L}_{(b|c)} = \{(-2|-3)\}$$

$$p: y = 0{,}5x^2 - 2x - 3 \qquad \mathbb{G} = \mathbb{R} \times \mathbb{R}$$

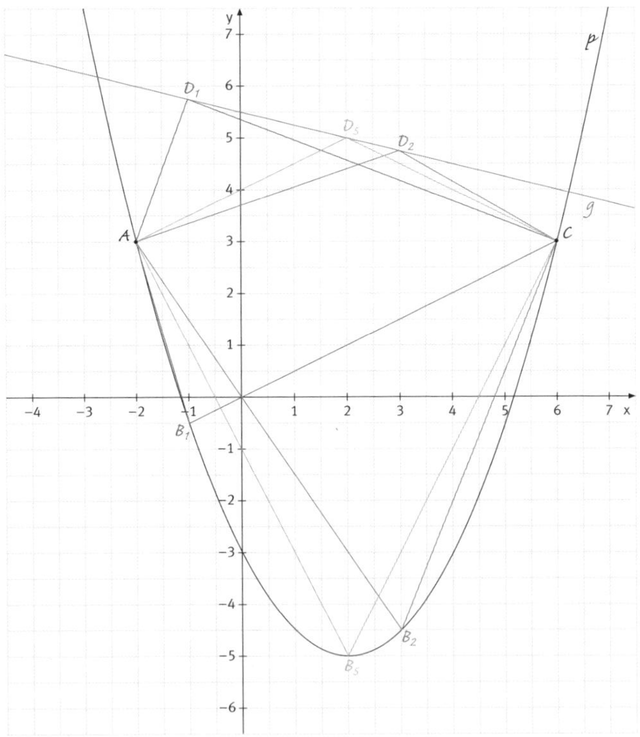

b) Punkte B_n $(x \mid 0{,}5x^2 - 2x - 3)$ auf der Parabel p und Punkte D_n $(x \mid -0{,}25x + 5{,}5)$ auf der Gerade g haben dieselbe Abszisse x und sind für $x \in\,]-2; 6[$ zusammen mit den Punkten A und C die Eckpunkte von Vierecken AB_nCD_n. Zeichne das Viereck AB_1CD_1 für $x = -1$ und das Viereck AB_2CD_2 für $x = 3$ in das Koordinatensystem zu a) ein. Berechne sodann den Flächeninhalt A der Vierecke AB_nCD_n in Abhängigkeit von der Abszisse x der Punkte B_n.
[Ergebnis: $A(x) = (-2x^2 + 7x + 34)$ FE]

$$A = A_{\Delta AB_nC} + A_{\Delta ACD_n}$$

$$\overrightarrow{AB_n}(x) = \begin{pmatrix} x+2 \\ 0{,}5x^2 - 2x - 6 \end{pmatrix}; \ \overrightarrow{AC} = \begin{pmatrix} 8 \\ 0 \end{pmatrix}; \ \overrightarrow{AD_n}(x) = \begin{pmatrix} x+2 \\ -0{,}25x + 2{,}5 \end{pmatrix}$$

$$A(x) = \frac{1}{2} \cdot \begin{vmatrix} x+2 & 8 \\ 0{,}5x^2 - 2x - 6 & 0 \end{vmatrix} \text{FE} + \frac{1}{2} \cdot \begin{vmatrix} 8 & x+2 \\ 0 & -0{,}25x + 2{,}5 \end{vmatrix} \text{FE}$$

$$A(x) = \frac{1}{2} \cdot [-(0{,}5x^2 - 2x - 6) \cdot 8 + 8 \cdot (-0{,}25x + 2{,}5)] \text{ FE}$$

$$A(x) = (-2x^2 + 7x + 34) \text{ FE} \qquad x \in\,]-2; 6[;\ x \in \mathbb{R}$$

c) Ermittle rechnerisch, für welche Belegungen von x die zugehörigen Vierecke einen Flächeninhalt von 38,5 FE haben. Runde auf zwei Stellen nach dem Komma.

$$-2x^2 + 7x + 34 = 38{,}5 \qquad x \in\,]-2; 6[;\ x \in \mathbb{R}$$

...

$$\Leftrightarrow \ x = 0{,}85 \ \vee \ x = 2{,}65 \qquad \mathbb{L} = \{0{,}85; 2{,}65\}$$

d) Die Vierecke AB_3CD_3 und AB_4CD_4 sind Drachenvierecke mit der Gerade AC als Symmetrieachse. Berechne die x-Koordinaten der Punkte B_3 und B_4 auf zwei Stellen nach dem Komma gerundet.

Da die Gerade AC die Symmetrieachse der Drachenvierecke AB_3CD_3 und AB_4CD_4 ist, muss gelten: $A_{\Delta AB_nC} = A_{\Delta ACD_n}$

$$A_{\Delta AB_nC}(x) = \frac{1}{2} \cdot \begin{vmatrix} x+2 & 8 \\ 0{,}5x^2 - 2x - 6 & 0 \end{vmatrix} \text{FE}; \ A_{\Delta ACD_n}(x) = \frac{1}{2} \cdot \begin{vmatrix} 8 & x+2 \\ 0 & -0{,}25x + 2{,}5 \end{vmatrix} \text{FE}$$

$$-2x^2 + 8x + 24 = -x + 10 \qquad x \in\,]-2; 6[;\ x \in \mathbb{R}$$

...

$$\Leftrightarrow \ x = -1{,}22 \ \vee \ x = 5{,}72 \qquad \mathbb{L} = \{-1{,}22; 5{,}72\}$$

e) Das Viereck AB_5CD_5 ist ebenfalls ein Drachenviereck. Zeichne das Drachenviereck AB_5CD_5 in das Koordinatensystem zu a) ein.

1 Die Skizze zeigt den Grundriss eines Wintergartens, der durch die Strecken [DE], [EA], [AB] und [BC] sowie den Kreisbogen $\overset{\frown}{CD}$ mit Mittelpunkt M begrenzt wird.

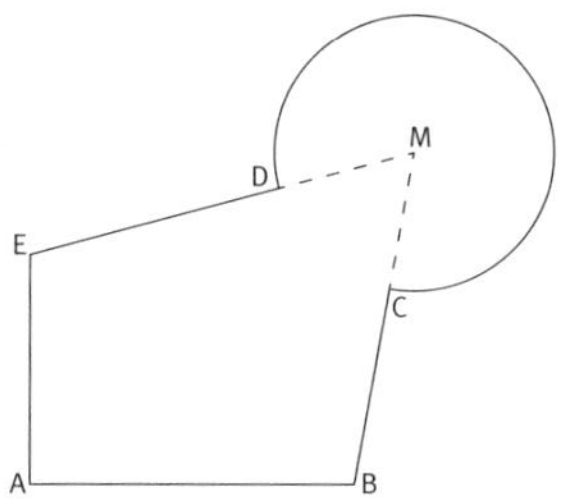

Es gilt: $\overline{AB} = 7{,}00$ m; $\overline{AE} = 5{,}00$ m; MD = 3,00 m; ∢CBA = 100°; ∢BAE = 90°; ∢AED = 105°.
Hinweis: Runde stets auf zwei Stellen nach dem Komma.

a) Zeichne den Grundriss des Wintergartens im Maßstab 1 : 100 und berechne sodann die Länge der Strecke [EB] sowie das Maß des Winkels ∢EBA.
[Ergebnisse: $\overline{EB} = 8{,}60$ m; ∢EBA = 35,54°]

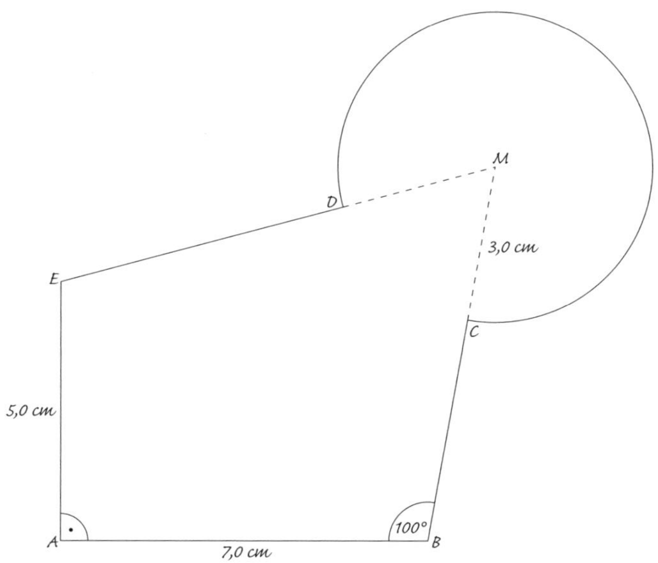

$\overline{EB} = \sqrt{7{,}00^2 + 5{,}00^2}$ m $\overline{EB} = 8{,}60$ m

$\tan ∢EBA = \frac{5{,}00 \text{ m}}{7{,}00 \text{ m}}$ $∢EBA = 35{,}54°$ $∢EBA \in]0°; 90°[$

b) An den Seiten [ED] und [BC] werden Glaselemente verbaut. Ermittle durch Rechnung die Länge der Seiten [ED] und [BC].

$\overline{ED} = \overline{EM} - \overline{MD}$

Sinussatz im ΔEBM: $\frac{\overline{EM}}{\sin ∢MBE} = \frac{\overline{EB}}{\sin ∢EMB}$

$\overline{EM} = \frac{8{,}60 \cdot \sin(100° - 35{,}54°)}{\sin(360° - (90° + 100° + 105°))}$ m $\overline{EM} = 8{,}56$ m

$\overline{ED} = 8{,}56 \text{ m} - 3{,}00 \text{ m}$ $\overline{ED} = 5{,}56$ m

$\overline{BC} = \overline{BM} - \overline{MC}$

$\overline{BM} = \sqrt{8{,}56^2 + 8{,}60^2 - 2 \cdot 8{,}56 \cdot 8{,}60 \cdot \cos(105° - (90° - 35{,}54°))}$ m

$\overline{BM} = 7{,}33$ m

$\overline{BC} = 7{,}33 \text{ m} - 3{,}00 \text{ m}$ $\overline{BC} = 4{,}33$ m

c) Auf dem Kreisbogen $\overset{\frown}{CD}$ sollen gebogene Wandelemente verbaut werden. Berechne die Länge des Kreisbogens $\overset{\frown}{CD}$.
[Teilergebnis: ∢CMD = 295°]

$∢CMD = 360° - [360° - (90° + 100° + 105°)]$ $∢CMD = 295°$

$\overset{\frown}{CD} = 2 \cdot 3{,}00 \cdot \pi \cdot \frac{295°}{360°}$ m $\overset{\frown}{CD} = 15{,}45$ m

d) Der im Grundriss vom Kreisbogen $\overset{\frown}{CD}$ und der Strecke [DC] begrenzte Teil soll sich durch eine Faltwand bei [DC] vom restlichen Teil des Wintergartens abteilen lassen. Bestimme rechnerisch die Länge der Strecke [DC].

$\overline{DC} = \sqrt{3{,}00^2 + 3{,}00^2 - 2 \cdot 3{,}00 \cdot 3{,}00 \cdot \cos 65°}$ m $\overline{DC} = 3{,}22$ m

e) Berechne den Inhalt der gesamten Fläche des Wintergartens.

$A_{gesamt} = A_{Viereck\,ABME} + A_{Sektor\,CMD}$

$A_{gesamt} = \left[\left(\frac{1}{2} \cdot 7{,}00 \cdot 5{,}00 + \frac{1}{2} \cdot 8{,}56 \cdot 7{,}33 \cdot \sin 65°\right) + 3{,}00^2 \cdot \pi \cdot \frac{295°}{360°}\right]$ m²

$A_{gesamt} = 69{,}10$ m²

2 Gegeben ist das Trapez ABCD mit AB || CD (siehe maßstabsgetreue Skizze).
Es gilt: $\overline{AB} = 9{,}0$ cm; $\overline{BC} = 5{,}0$ cm; ∢CAD = 20°; ∢CBA = 70°.

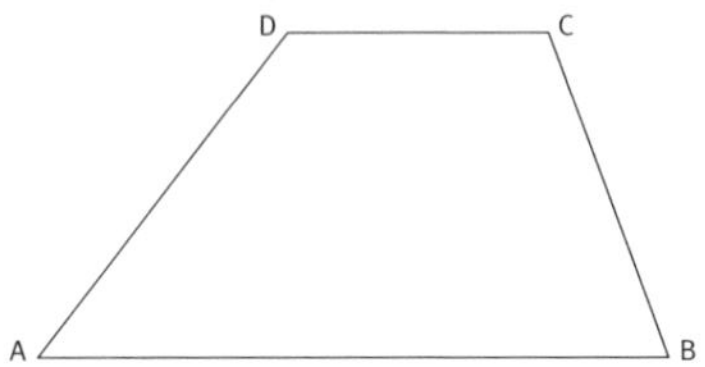

Berechne den Flächeninhalt A des Teildreiecks ACD. Runde auf eine Stelle nach dem Komma.

Lösungsmöglichkeit: Das Maß des Winkels CAD ist bekannt. Der Flächeninhalt A des Teildreiecks ACD lässt sich mittels $A = \frac{1}{2} \cdot \overline{AC} \cdot \overline{AD} \cdot \sin 20°$ berechnen. Es müssen also die Längen der Strecken [AC] und [AD] bestimmt werden.

Bestimmung von $\overline{AC}$:

Kosinussatz im Teildreieck ABC:

$\overline{AC} = \sqrt{9{,}0^2 + 5{,}0^2 - 2 \cdot 9{,}0 \cdot 5{,}0 \cdot \cos 70°}$ cm $\overline{AC} = 8{,}7$ cm

Bestimmung von $\overline{AD}$:

Sinussatz im Teildreieck ABC:

$\frac{\sin ∢BAC}{5{,}0\ cm} = \frac{\sin 70°}{8{,}7\ cm}$ ∢BAC = 32,7° ∢BAC ∈]0°; 90°[

Wechselwinkel an parallelen Geraden:

∢DCA = ∢BAC

Sinussatz im Teildreieck ACD:

$\frac{\overline{AD}}{\sin 32{,}7°} = \frac{8{,}7\ cm}{\sin(180° - (20° + 32{,}7°))}$ $\overline{AD} = 5{,}9$ cm

Flächeninhalt A des Teildreiecks ACD:

$A = \frac{1}{2} \cdot 8{,}7 \cdot 5{,}9 \cdot \sin 20°\ cm^2$ $A = 8{,}8\ cm^2$

1 Auf Schraubenpackungen findet man Angaben über den Schraubendurchmesser und die Schraubenlänge in Millimeter (z. B. 4 × 10). Die Skizze zeigt den Axialschnitt eines Schraubenrohlings. GH ist die Symmetrieachse.

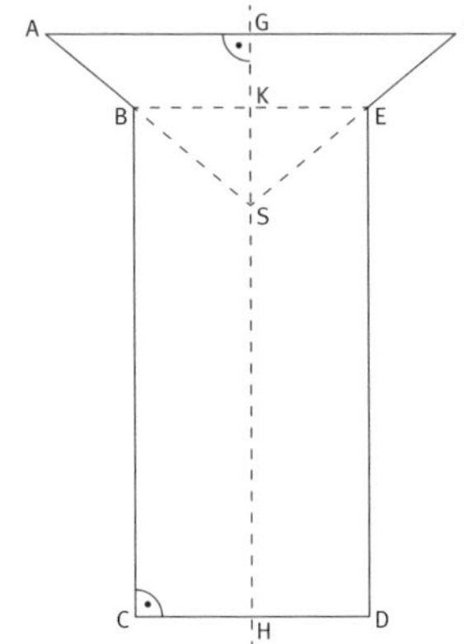

Es gilt: $\overline{AF} = 7{,}0$ mm; $\overline{CD} = 4{,}0$ mm; $\overline{GH} = 10{,}0$ mm; ∢BAF = 40°.
Berechne das Volumen V des Schraubenrohlings. Runde auf eine Stelle nach dem Komma.
[Teilergebnis: $\overline{KS} = 1{,}7$ mm]

Lösungsidee: Der Schraubenrohling wird als geometrischer Körper angesehen, der aus einem Zylinder besteht mit einem aufgesetzten „auf dem Kopf stehenden" Kegel („großer Kegel"), dem zuvor „die Spitze" („kleiner Kegel") abgeschnitten wurde. Das Volumen V des Schraubenrohlings lässt sich mittels $V = V_{Zylinder} + V_{großer\ Kegel} - V_{kleiner\ Kegel}$ berechnen.

$V = (2{,}0\ mm)^2 \cdot \pi \cdot [10{,}0\ mm - (\overline{GS} - \overline{KS})] + \frac{1}{3} \cdot (3{,}5\ mm)^2 \cdot \pi \cdot \overline{GS} - \frac{1}{3} \cdot (2{,}0\ mm)^2 \cdot \pi \cdot \overline{KS}$

Rechtwinkliges Teildreieck ASG:

$\tan ∢SAG = \frac{\overline{GS}}{\overline{AG}}$ $\overline{GS} = 3{,}5 \cdot \tan 40°$ mm $\overline{GS} = 2{,}9$ mm

Vierstreckensatz:

$\frac{\overline{KS}}{\overline{GS}} = \frac{\overline{BE}}{\overline{AF}}$ $\overline{KS} = \frac{4{,}0}{7{,}0} \cdot 2{,}9$ mm $\overline{KS} = 1{,}7$ mm

Volumen V des Schraubenrohlings:

$V = [2{,}0^2 \cdot \pi \cdot (10{,}0 - (2{,}9 - 1{,}7)) + \frac{1}{3} \cdot 3{,}5^2 \cdot \pi \cdot 2{,}9 - \frac{1}{3} \cdot 2{,}0^2 \cdot \pi \cdot 1{,}7]\ mm^3$

$V = 140{,}7\ mm^3$

2 Die Skizze zeigt ein Schrägbild der Pyramide ABCDS, deren Grundfläche die Raute ABCD mit den Diagonalen [AC] und [BD] ist. Der Schnittpunkt der beiden Diagonalen ist der Punkt M. Der Punkt A ist der Fußpunkt des Lotes von der Spitze S der Pyramide ABCDS auf die Grundfläche.

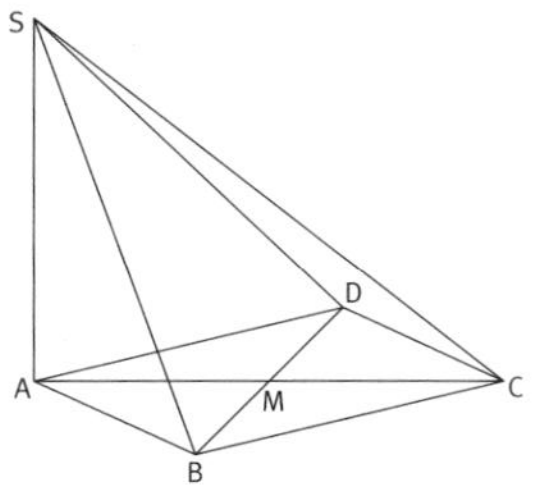

Es gilt: $\overline{AC} = 9$ cm; $\overline{BD} = 8$ cm; $\overline{AS} = 7$ cm.
Hinweis: Runde stets auf zwei Stellen nach dem Komma.

a) Zeichne das Schrägbild der Pyramide ABCDS, wobei die Diagonale [AC] auf der Schrägbildachse liegen soll. Für die Zeichnung gilt: $q = \frac{1}{2}$; $\omega = 45°$.
Berechne sodann die Länge der Strecke [SC] und das Maß φ des Winkels SCA.
[Ergebnisse: $\overline{SC} = 11{,}40$ cm; $\varphi = 37{,}87°$]

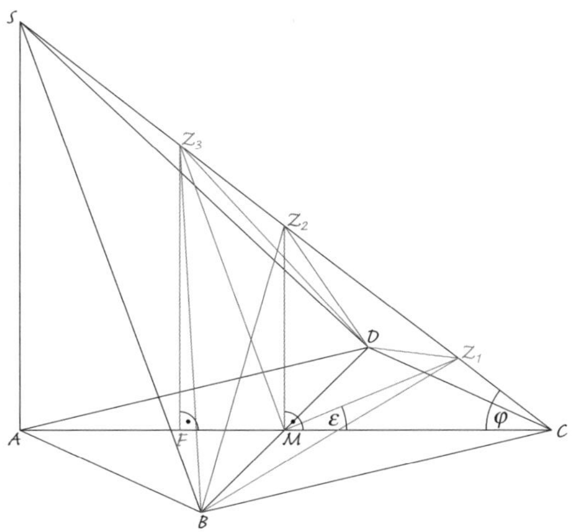

$\overline{SC} = \sqrt{9^2 + 7^2}$ cm $\qquad \tan\varphi = \frac{7\text{ cm}}{9\text{ cm}}$

$\overline{SC} = 11{,}40$ cm $\qquad \varphi = 37{,}87° \qquad \varphi \in]0°; 90°[$

b) Punkte $Z_n \in [SC]$ mit $\overline{Z_nC} = x$ cm$(x < 11{,}40;\ x \in \mathbb{R}^+)$ sind die Spitzen von Pyramiden $BCDZ_n$. Zeichne die Pyramide $BCDZ_1$ für $x = 2$ in das Schrägbild zu a) ein und berechne sodann das Maß ε des Winkels CMZ_1.

$\frac{\sin\varepsilon}{\overline{Z_1C}} = \frac{\sin\varphi}{\overline{MZ_1}}$

$\overline{MZ_1} = \sqrt{4{,}5^2 + 2^2 - 2 \cdot 4{,}5 \cdot 2 \cdot \cos 37{,}87°}$ cm $\qquad \overline{MZ_1} = 3{,}17$ cm

$\frac{\sin\varepsilon}{2\text{ cm}} = \frac{\sin 37{,}87°}{3{,}17} \qquad \varepsilon = 22{,}79° \qquad \varepsilon \in]0°; 90°[$

c) Für die Pyramide $BCDZ_2$ gilt: $MZ_2 \perp AC$. Zeichne die Pyramide $BCDZ_2$ in das Schrägbild zu a) ein und begründe sodann, dass für die Pyramide $BCDZ_2$ gilt: $\overline{SZ_2} = \overline{Z_2C}$.

Z. B.: $MZ_2 \parallel AS$.

Da der Punkt M der Mittelpunkt der Strecke [CA] ist, muss nach dem Vierstreckensatz der Punkt Z_2 der Mittelpunkt der Strecke [CS] sein. Damit gilt: $\overline{SZ_2} = \overline{Z_2C}$.

d) In der Pyramide $BCDZ_3$ gilt: $CMZ_3 = 110°$. Zeichne die Pyramide $BCDZ_3$ und ihre Höhe $[Z_3F]$ in das Schrägbild zu a) ein und berechne sodann die Länge der Strecke $[Z_3C]$.
[Ergebnis: $\overline{Z_3C} = 7{,}95$ cm]

$\frac{\overline{Z_3C}}{\sin\sphericalangle CMZ_3} = \frac{\overline{MC}}{\sin\sphericalangle MZ_3C} \qquad \frac{\overline{Z_3C}}{\sin 110°} = \frac{4{,}5\text{ cm}}{\sin(180° - (37{,}87° + 110°))}$

$\overline{Z_3C} = 7{,}95$ cm

e) Ermittle durch Rechnung den prozentualen Anteil des Volumens der Pyramide $BCDZ_3$ am Volumen der Pyramide ABCDS.

$\frac{V_{\text{Pyramide }BCDZ_3}}{V_{\text{Pyramide }ABCDS}} = \frac{\frac{1}{3} \cdot \left(\frac{1}{2} \cdot \frac{1}{2} \cdot \overline{AC} \cdot \overline{BD}\right) \cdot \overline{Z_3F}}{\frac{1}{3} \cdot \left(\frac{1}{2} \cdot \overline{AC} \cdot \overline{BD}\right) \cdot \overline{AS}} = \frac{\overline{Z_3F}}{2 \cdot \overline{AS}}$

$\sin\varphi = \frac{\overline{Z_3F}}{\overline{Z_3C}} \qquad \overline{Z_3F} = 4{,}88$ cm

$\frac{V_{\text{Pyramide }BCDZ_3}}{V_{\text{Pyramide }ABCDS}} = 0{,}35$

Der Anteil beträgt 35 %.

Versuche, folgende Aufgaben ohne Hilfsmittel zu lösen:

1 Vervollständige.

a) Ein Quader hat *8* Ecken und *12* Kanten.

b) Ein Prisma mit einem Dreieck als Grundfläche hat *6* Ecken und *9* Kanten.

2 Welche geometrische Figur sieht man, wenn man einen auf dem Mantel liegenden Zylinder genau von oben betrachtet?

Rechteck

3 Beschreibe, wie sich der Linksterm und der Rechtsterm der Gleichung $x^2 = 2x - 3$ mit $\mathbb{G} = \mathbb{R} \times \mathbb{R}$ geometrisch interpretieren lassen.

Linksterm als Funktionsterm einer nach oben geöffneten Normalparabel, Rechtsterm als Funktionsterm einer linearen Funktion mit Steigung $m = 2$ und y-Achsenabschnitt $t = -3$

4 Ein gleichschenklig-rechtwinkliges Dreieck rotiert um eine Kathete. Beschreibe den entstehenden Rotationskörper.

Es handelt sich um einen Kegel, dessen Höhe gleich dem Radius des Grundkreises ist.

5 Kreuze richtig an: Ein hundertstel Meter ist gleich ...

- ◯ 0,001 cm.
- ◯ 0,01 cm.
- ◯ 0,1 cm.
- ⊗ 1 cm.
- ◯ 100 cm.

6 Gib die Gleichungen dreier verschiedener Geraden h_1, h_2 und h_3 an, die auf der Gerade $g: y = x$ mit $\mathbb{G} = \mathbb{R} \times \mathbb{R}$ senkrecht stehen.

Lösungsmöglichkeit: $h_1: y = -x$; $h_2: y = -x + 1$; $h_3: y = -x + 2$

7 Wie verändert sich das Volumen eines Würfels, wenn alle Kantenlängen verdoppelt werden?

Es verachtfacht sich.

8 Die Parabel p_1 mit der Gleichung $y = x^2$ und die Parabel p_2 haben nur einen einzigen Punkt gemeinsam ($\mathbb{G} = \mathbb{R} \times \mathbb{R}$). Wie könnte die Gleichung der Parabel p_2 lauten?

Lösungsmöglichkeit: $p_2: y = -x^2$ oder: $p_2: y = (x + 1)^2$; $p_2: y = (x + 2)^2$; $p_2: y = (x - 1)^2$; ...

9 Bei einer Quizshow sollte der Kandidat angeben, welche Antwort die richtige ist auf die Frage:

Jedes Rechteck ist ein ...

- A Drachen
- B Parallelogramm
- C Trapez
- D Quadrat

Begründe, warum diese Aufgabe ungeeignet ist.

Diese Aufgabe ist ungeeignet, da zwei Antworten richtig sind: Parallelogramm und Trapez.

1 a) Vervollständige den Satz:
Ein Produkt ist dann null, wenn mindestens ein ______________ den Wert ______________ hat.

b) Kreuze die Lösungen der quadratischen Gleichungen an und notiere die Lösungsmenge ($\mathbb{G} = \mathbb{R}$).

1	$(x - 7) \cdot x = 0$	◯ $x = -7$	◯ $x = 0$	◯ $x = 7$	◯ $x = \sqrt{7}$	$\mathbb{L} =$ ______
2	$(3{,}5 + x) \cdot (x - 2{,}8) = 0$	◯ $x = 2{,}8$	◯ $x = 3{,}5$	◯ $x = 0$	◯ $x = -3{,}5$	$\mathbb{L} =$ ______
3	$(x + 8)^2 = 0$	◯ $x = 0$	◯ $x = -8$	◯ $x = 8^2$	◯ $x = 8$	$\mathbb{L} =$ ______

c) Faktorisiere den Linksterm (durch Ausklammern bzw. Anwendung der binomischen Formeln).
Lies dann die Lösung(en) für $\mathbb{G} = \mathbb{R}$ ab.

	Gleichung	faktorisiert	Lösung(en)	Lösungsmenge
a)	$x^2 + 11x = 0$	$x \cdot (\_\_ + \_\_) = 0$	$x_1 = \_\_ \vee x_2 = \_\_$	
b)	$y^2 - 9y + 20{,}25 = 0$	$(\_\_\_\_)^2 = 0$		
c)	$z^2 - 40{,}96 = 0$	$(\_\_\_\_) \cdot (\_\_\_\_) = 0$		

2 Bringe die quadratische Gleichung mithilfe von quadratischer Ergänzung auf die Form $(x + a)^2 = d$ und gib dann die Lösungsmenge an.

a) $x^2 - 8x + 14 = -2x + 3$

______________ $= 0$

$x^2 - 6x + \_\_\_\_ - \_\_\_\_ + 11 = 0$

$(\_\_\_\_\_\_)$ ______ $= 0$ | -2

______ $=$ ______

$d < 0 \Rightarrow \mathbb{L} =$ ______

b) $-0{,}2x^2 - 0{,}8x + 4{,}2 = 0$ | $: (-0{,}2)$

____

______ ______ ______ $= 0$

$(\_\_\_\_)$ ______ $= 0$ | $+ 25$

______ | $\sqrt{\ }$

______ $=$ ______

$x_1 =$ ______ $\vee$ $x_2 =$ ______ $\Rightarrow \mathbb{L} =$ ______

3 Bringe die quadratische Gleichung (ggf. auf einem Extrablatt) auf Normalform. Zeichne dann den zugehörigen Graphen der Funktion und bestimme die Lösungsmenge durch Ablesen der Nullstellen.

$0{,}25\,(5 - 12x^2) = -x\,(3{,}25x - 1{,}5)$
Normalform:

____

zugehörige Funktion:

____

Nullstellen:

____

Lösungsmenge:

____

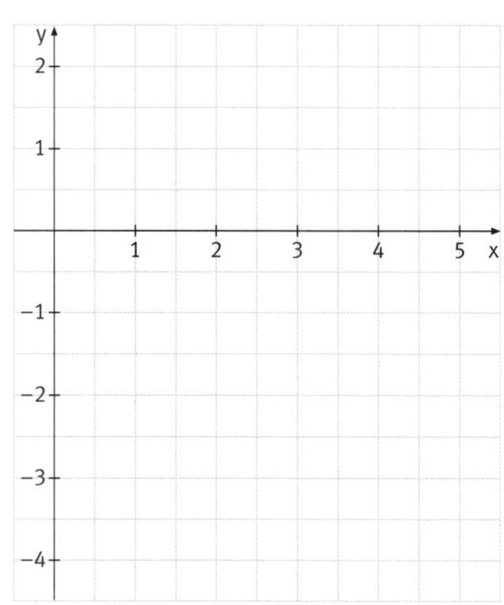

Lösungsformel für gemischtquadratische Gleichungen

1 Die folgenden quadratischen Gleichungen sind in der allgemeinen Form $ax^2 + bx + c = 0$ gegeben. Lies die Koeffizienten a, b und c ab. Berechne dann den Wert der Diskriminante D und gib die Anzahl der Lösungen an ($\mathbb{G} = \mathbb{R}$).

	quadratische Gleichung	Koeffizienten	Diskriminante $D = b^2 - 4ac$	Anzahl der Lösungen
a)	$x^2 - 2x - 3 = 0$	a = b = c =		
b)	$-2x^2 - 8 = 0$	a = b = c =		
c)	$1{,}5x^2 - 9x + 13{,}5 = 0$			
d)	$-x^2 + 3x = 0$			

2 Forme die quadratischen Gleichungen (ggf. auf einem Extrablatt) in die allgemeine Form $ax^2 + bx + c = 0$ um und bestimme die Diskriminante sowie die Anzahl der Lösungen ($\mathbb{G} = \mathbb{R}$).

a) $-35x - 122{,}5 - 2{,}5x^2 = 0$

allgem. Form: ______

a = ______ b = ______ c = ______

D = ______

Anzahl der Lösungen: ______

b) $(2x - 1)(5 + x) = (0{,}5x + 4)(x - 3)$

allgem. Form: ______

a = ______ b = ______ c = ______

D = ______

Anzahl der Lösungen: ______

3 Berechne den Wert der fehlenden Koeffizienten so, dass die Gleichung die angegebene Anzahl von Lösungen hat ($\mathbb{G} = \mathbb{R}$).

$ax^2 + 4x - 6 = 0$ (1 Lösung)

a = ______ b = ______ c = ______

D = ______ = ______

1 Lösung ⇒ ______ = 0

______ = 0

a = ______

$5x^2 - 6x + c = 0$ (keine Lösung)

a = ______ b = ______ c = ______

D = ______ = ______

keine Lösung ⇒ ______

______

______

4 Bestimme zuerst die Diskriminante und dann die Lösungsmenge ($\mathbb{G} = \mathbb{R}$).

a) $-0{,}4x^2 + 4{,}8x + 2{,}5 = 0$

a = ______ b = ______ c = ______

$D =$ ______

$x_{1/2} = \frac{-b \pm \sqrt{D}}{2a} = \frac{\_\_\_\_}{\_\_\_\_}$

$x_1 =$ ______ $\vee$ $x_2 =$ ______

$\mathbb{L} =$ ______

b) $-\frac{1}{8}x^2 - 1{,}6x - 5{,}12 = 0$

1 Bestimme die Lösungsmenge der quadratischen Gleichung ($\mathbb{G} = \mathbb{R}$). Die Ergebnisse ergeben der Reihe nach ein englisches Lösungswort.

a) $x^2 + 3x - 10 = 0$ $\mathbb{L}$ =

b) $3x^2 - 9x = 30$ $\mathbb{L}$ =

c) $-x^2 + x + 12 = 0$ $\mathbb{L}$ =

d) $4x^2 + 8x + 3 = 0$ $\mathbb{L}$ =

e) $3x^2 - 4x = 4$ $\mathbb{L}$ =

f) $7x^2 - x - 3 = 2x^2 + x$ $\mathbb{L}$ =

g) $2 \cdot (x + 1) \cdot (x + 3) = 16$ $\mathbb{L}$ =

U	$\mathbb{L} = \{-\frac{2}{3}; 2\}$
O	$\mathbb{L} = \{-2; 5\}$
F	$\mathbb{L} = \{-5; 2\}$
A	$\mathbb{L} = \{-5; 1\}$
M	$\mathbb{L} = \{-1,5; -0,5\}$
L	$\mathbb{L} = \{-0,6; 1\}$
R	$\mathbb{L} = \{-3; 4\}$

Lösungswort: ___ ___ ___ ___ ___ ___ ___

2 a) Welcher Term beschreibt den Flächeninhalt des abgebildeten Dreiecks in Abhängigkeit von x?

◯ A (x) = x (6x − 3) cm² ◯ A (x) = (3x² − 1,5x) cm² ◯ A (x) = (6x² − 3x) cm²

b) Begründe, weshalb für x nur folgende Werte sinnvoll sind: $x \in \{x \mid x > 0,5\}$.

____

____

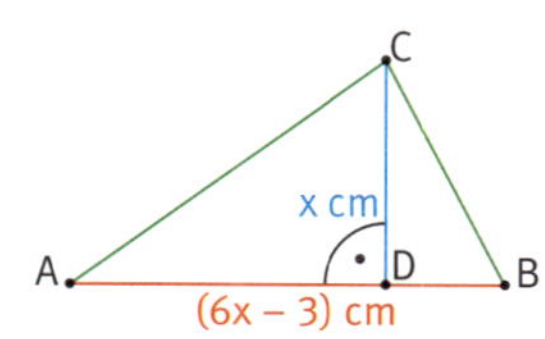

c) Für welchen Wert von x erhält man ein Dreieck mit einem Flächeninhalt von 39,78 cm²?

39,78 cm² in A (x): ________ *cm²* = ________ *cm²* | : *cm²* | − *39,78*

________________________ = *0*

Koeffizienten: ________________ ⇒ *Diskriminante:* ________

Lösungsformel: ________________ *Lösungsmenge:* ________

3 Eine Flugbahn beim Kugelstoßen wird durch die Gleichung $h(x) = -0{,}04x^2 + 0{,}8x + 1{,}95$ beschrieben.
Dabei gilt:
x: horizontaler Abstand der Kugel in m vom Abwurfpunkt
h: Höhe der Kugel in m über dem Boden

a) Welche Bedeutung hat h (0)?

____

b) Ermittle die Wurfweite der Kugel.

c) Würde die Kugel bei einem Hallenturnier die 6 m hohe Decke berühren?

1 Ordne den Graphen das Gleichungssystem und dessen Lösungsmenge zu.

$p: y = 2x^2 - 8x + 8{,}5$ $\wedge\ g: y = -x + 2$	$p: y = x^2 - 2x$ $\wedge\ g: y = -x + 2$	$p_1: y = x^2 - 3x + 2{,}25$ $\wedge\ p_2: y = -1{,}5\,(x - 1{,}5)^2 + 2{,}5$	$p_1: y = x^2 - 5x + 6{,}25$ $\wedge\ p_2: y = -x^2 + x + 1{,}75$

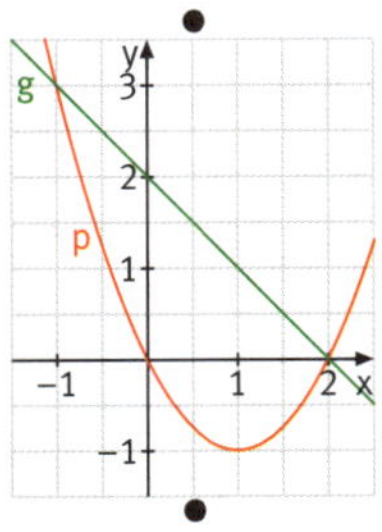

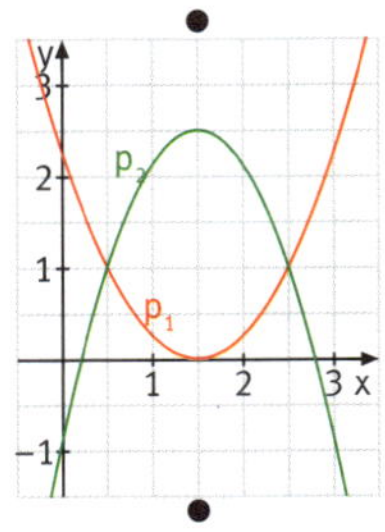

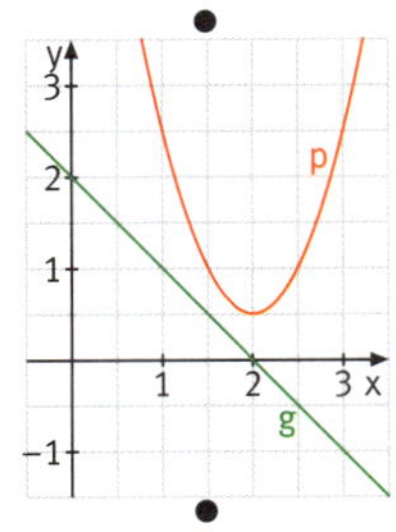

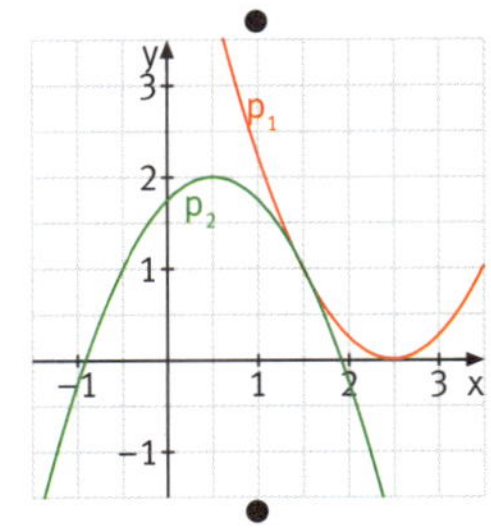

$\mathbb{L} = \{(0\|0); (2\|0)\}$	$\mathbb{L} = \{(0{,}5\|1); (2{,}5\|1)\}$	$\mathbb{L} = \{(-1\|3); (2\|0)\}$	$\mathbb{L} = \{(1{,}5\|1)\}$	$\mathbb{L} = \emptyset$

2 a) Die x-Koordinaten der Schnittpunkte zweier Parabeln (bzw. einer Gerade und einer Parabel) sollen berechnet werden. In welcher Reihenfolge müssen die folgenden Schritte ausgeführt werden? Nummeriere mit den Ziffern 1 bis 6.

	Diskriminante berechnen		quadratische Gleichung in allgemeiner Form
	Lösungsmenge angeben	1	Gleichungssystem aufstellen
	Funktionsgleichungen gleichsetzen		Lösungsformel anwenden

b) Ergänze die Schritte 2 bis 6 aus Teilaufgabe a). Nutze ggf. ein Extrablatt.

①	
1	$g: y = -x - 1{,}5$ $\wedge\ p: y = -x^2 - 2x + 4{,}5$
2	
3	
4	
5	
6	

②	
1	$p_1: y = -0{,}5x^2 - x + 3$ $\wedge\ p_2: y = 1{,}5x^2 + 5x - 5$
2	
3	
4	
5	
6	

c) Kreuze die richtige Aussage an.
Wenn man die y-Koordinaten der Schnittpunkte einer Gerade und einer Parabel berechnen soll, …
◯ muss man x_1 in die Geradengleichung und x_2 in die Parabelgleichung einsetzen.
◯ muss man x_1 und x_2 in dieselbe Funktionsgleichung einsetzen.
◯ kann man frei wählen, in welche Funktionsgleichung man x_1 bzw. x_2 einsetzen will.

1 Gesucht sind jeweils Geraden, die genau einen gemeinsamen Punkt mit der Parabel p haben.

a) Kreuze richtige Aussagen an.

1 ◯ Die Gerade kann die Steigung $m = 0$ haben.
2 ◯ Die Gerade kann die Steigung $m = 2$ haben.
3 ◯ Der gemeinsame Punkt kann nur ein Berührpunkt sein.
4 ◯ Die Gerade kann durch den Punkt P (3|2) verlaufen, dabei aber keine Tangente an die Parabel sein.

b) Zeichne die Graphen zu den in a) angekreuzten Teilaufgaben ein. Gib ihre Gleichungen an.

_______________ _______________ _______________

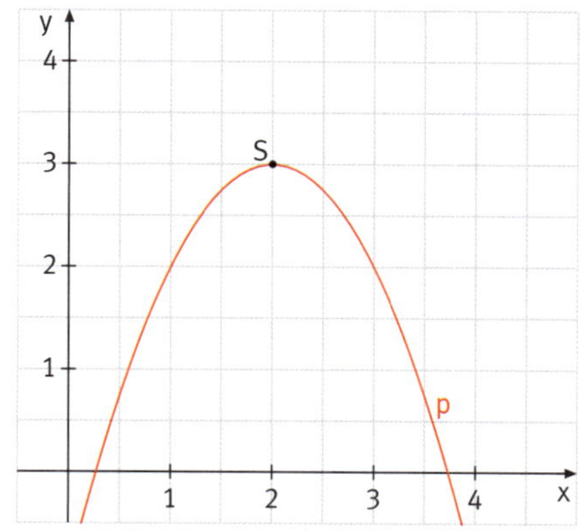

2 Gib die Anzahl der gemeinsamen Berühr- bzw. Schnittpunkte der Parabeln mit der gegebenen Parabel p: $y = (x-3)^2 + 1$ an. Zeichne die Parabeln ein, wenn du dir nicht sicher bist.

	$y = -(x-3)^2 + 1$		$y = (x-3)^2$
	$y = (x-4)^2 + 2$		$y = -(x-4)^2 + 2$
	$y = -(x-1)^2 + 1$		$y = (x-1)^2 + 1$
	$y = 0{,}5\,(x-3)^2 + 1$		$y = 2\,(x-3)^2 + 1$

3 Die Anzahl der Schnittpunkte zweier Funktionsgraphen sollte bestimmt werden. Prüfe, ob richtig gerechnet wurde, und beschreibe gegebenenfalls die Fehler.

a)

$p: y = -x^2 + 2x + 4 \qquad g: 2y = -8x + 2$

Gleichsetzen der Terme:

$-x^2 + 2x + 4 = -8x + 2$

$-x^2 + 10x + 2 = 0$

$x^2 - 10x - 2 = 0$

$D = -10^2 - 4 \cdot 1 \cdot (-2) = 108 > 0,$

also zwei Schnittpunkte

b)

$p_1: y = x^2 - 0{,}25x - 0{,}25 \qquad p_2: y = 1{,}125x^2 + \frac{1}{8}$

Gleichsetzen der Terme:

$x^2 - 0{,}25x - 0{,}25 = \frac{9}{8}x^2 + \frac{1}{8} \quad \left|\, -\frac{9}{8}x^2 - \frac{1}{8}\right.$

$-\frac{1}{8}x^2 - 0{,}25x - \frac{3}{8} = 0 \quad |\cdot(-8)$

$x^2 + 2x + 3 = 0$

$D = 2^2 - 4 \cdot 1 \cdot 3 = -8 < 0,$

also ein Berührpunkt

1 Gegeben ist die Parabel p: $y = -0{,}5x^2 + 3x - 2{,}5$ und die Geradenschar g (t): $y = 1{,}5x + t$.

a) Zeichne die Parabel und die Schargeraden g (−2,5), g (−1,4) und g (1) in das Koordinatensystem ein.

b) In der Zeichnung scheint g (−1,4) eine Tangente an p zu sein. Ist dies wirklich der Fall? Überprüfe rechnerisch.

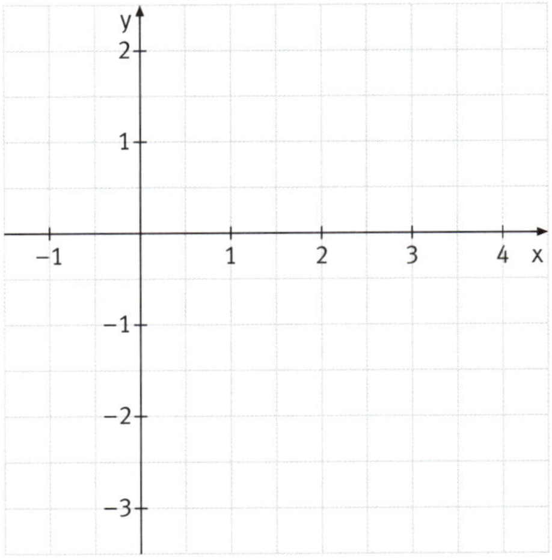

Geradengleichung von g (−1,4): ______

Parabelgleichung: ______

Gleichsetzen: ______

Berechnung der Diskriminante:

2 Gegeben ist die Parabel p: $y = -0{,}5x^2 - x + 2{,}5$ und die Parallelenschar g (t): $y = -2x + t$.

a) Für welches t ist die zugehörige Gerade Tangente an p?

Gleichungssystem	
Gleichsetzen	
Umformung	= 0
Koeffizienten	a = b = c =
Diskriminante	
g ist Tangente ⇒	D 0
t berechnen	
Geradengleichung	g ( ): y =

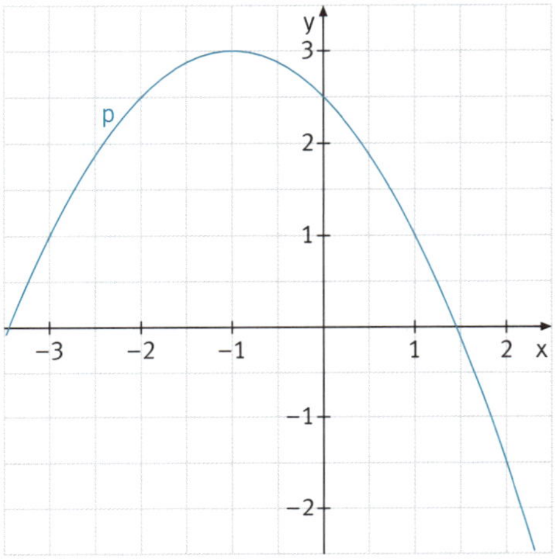

b) Zeichne die Tangente aus a) in das Koordinatensystem.

c) Für welche Werte von t sind die Scharparallelen ...

Sekanten? ______

Passanten? ______

3 Unter den Ursprungsgeraden des Geradenbüschels g (m): $y = mx$ sollen diejenigen bestimmt werden, die Tangenten an die Parabel p: $y = x^2 + 2x + 4$ sind. Ergänze die Lücken.

$x^2 + 2x + 4 = mx$ | − mx

$x^2 + 2x - mx + 4 = 0$

$x^2 + (\_\_\_\_\_\_)\,x + 4 = 0$

$D = (\_\_\_\_\_\_)^2 - 4 \cdot 1 \cdot \_\_\_$

$D = 0 \Rightarrow$

$(\_\_\_\_\_\_)^2 - 16 = \_\_\_$

$(\_\_\_\_\_\_)^2 = 16$

$\_\_\_\_\_\_ = 4 \lor \_\_\_\_\_\_ = -4$

$m_1 = \_\_\_$ $m_2 = \_\_\_$

1 Der Singapore Flyer ist eines der größten Riesenräder der Welt mit einem Radius von 82,5 m. Welche maximale Höhe erreicht der Fahrgast? Nach wie vielen Umdrehungen n hat man einen Kilometer in der Kabine zurückgelegt?

maximale Höhe: ________ Gesamtweg einer Umdrehung: ________ n: ________

2 In einer alten Hammerschmiede werden zwei unterschiedlich große Räder über eine Riemen verbunden. Das große Rad (r_g = 95 cm) wird durch ein Wasserrad in Bewegung versetzt und dreht sich in einer Minute genau einmal. Am kleineren Rad befindet sich der Schmiedehammer, der sich bei jeder Umdrehung des Rades einmal hebt und senkt. Wie groß ist der Durchmesser des kleinen Rades, wenn der Hammer pro Minute 10 Schläge ausführt?

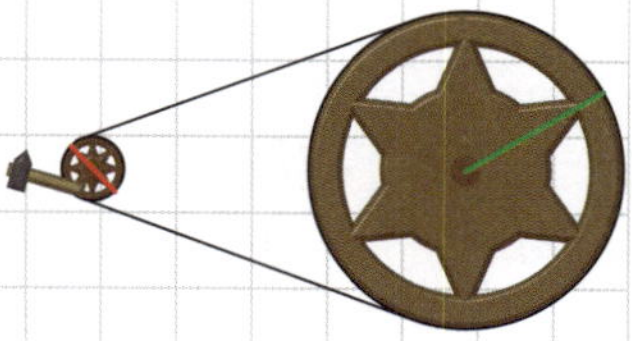

3 Berechne die fehlenden Kreisgrößen. Runde auf eine Nachkommastelle.

	a)	b)	c)	d)	e)	f)	g)
r	9,0 dm						
d		28,0 m					
u			119,4 cm	5,0 cm			1,8 cm
A					908,0 km²	66,5 mm²	

4 Schallplatten wurden früher zuerst in eine quadratische Papierhülle und dann in das Plattencover aus Karton gesteckt. Eine Langspielplatte (LP) hatte einen Durchmesser von 30,5 cm.

a) Berechne den Flächeninhalt der Schallplatte. Das kleine Loch in der Mitte kann vernachlässigt werden.

b) Das kreisrunde Label auf einer LP hatte einen Durchmesser von 92 mm. Wie viel Papier wurde auf die LP geklebt?

1 Eine Auto-Teststrecke setzt sich aus Strecken und Kreisbögen zusammen. Die Maße sind im Plan angegeben. Berechne die Länge der Teststrecke.

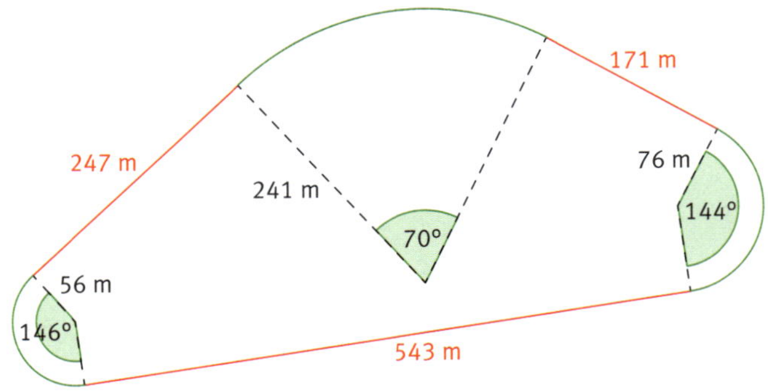

$b_1 =$

$b_2 =$

$b_3 =$

$l_{ges} = b_1 +$

2 Eva, Tim und Lena teilen sich eine Pizza mit einem Durchmesser von 40 cm. Allerdings sind die Stücke nicht gleich groß. Tims Pizzastück hat eine Bogenlänge von 45 cm. Evas Pizzastück hat einen Mittelpunktswinkel von 118°.

a) Beschrifte die Skizzen mit den bekannten Maßen.

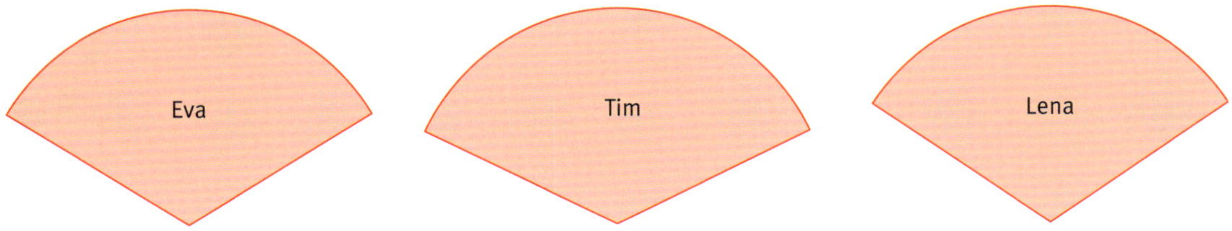

b) Wer hat das größte Stück? Berechne jeweils den Flächeninhalt (auf ganze cm^2 gerundet).

Eva: $A_{Eva} = \frac{\mu}{360°} \cdot r^2\pi =$

Tim: $b = \frac{\mu}{360°} \cdot 2r\pi \Leftrightarrow \mu = \quad =$

$A_{Tim} = \frac{\mu}{360°} \cdot r^2\pi =$

Lena: *ganze Pizza:* $A_o =$

$A_{Lena} =$

3 Berechne die fehlenden Größen.

	a)	b)	c)	d)	e)
r	25 cm			5,2 km	
d		0,72 dm			2,40 mm
μ	210°		355°		
b		1,90 dm			
A_{Sektor}			151,8 m^2		0,16 mm^2
u_{Sektor}				27,6 km	

1 Beim Verkehrsschild „Verbot für Fahrzeuge aller Art“ ist die Fläche in zwei weiße und eine rote Fläche unterteilt. Die schwarze Randeinfassung kann hier vernachlässigt werden.
Berechne den prozentualen Anteil der roten Fläche an der Gesamtfläche. Runde alle Flächeninhalte auf ganze cm².

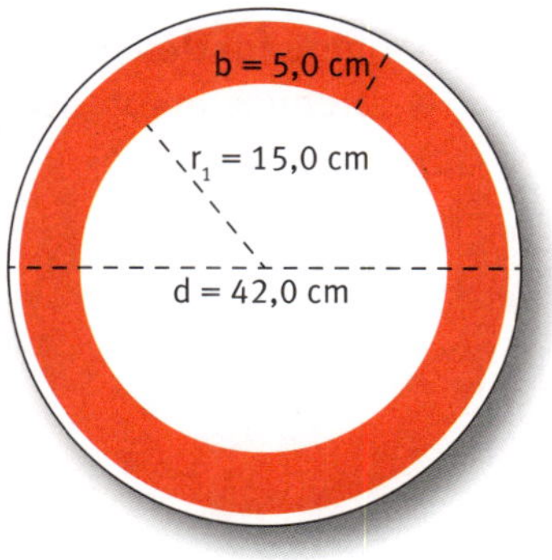

kleiner Kreis:

Ring rot: $A_R = A_2 -$ ____ $r_2 =$ ____ $+$ ____ $=$ ____

$A_2 =$

$A_R =$

Gesamtfläche: $A_{ges} =$

Prozentualer Anteil:

2 Ein Leuchtturm hat zwei „Umlaufbalkone“. Berechne die Flächeninhalte der Balkone. Bekannt sind folgende Maße:

	Balkondurchmesser	Turmdurchmesser
oberer Balkon:	6,0 m	4,2 m
unterer Balkon:	6,9 m	4,5 m

oberer Balkon:

$A_{Ring\ 1} =$

unterer Balkon:

$A_{Ring\ 2} =$

3 Berechne den Flächeninhalt des Segments. Runde auf eine Nachkommastelle.

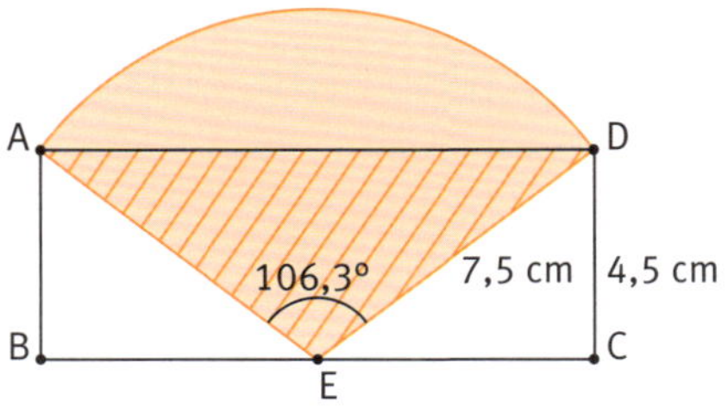

$A_{Sektor} =$

$\overline{EC} =$

$\overline{AD} =$

$A_{\Delta} =$

$A_{Segment} =$

$A_{Segment} =$

1 Markiere für den angegebenen Winkel die Ankathete in blau, die Gegenkathete in grün und die Hypotenuse in rot. Schreibe den Sinus, Kosinus und Tangens als Verhältnis der Seitenlängen.

a)

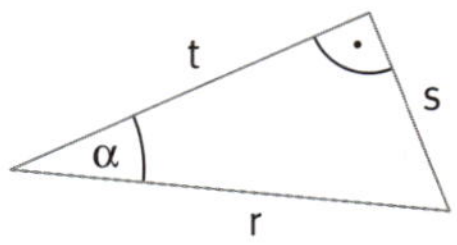

$\sin\alpha =$

$\cos\alpha =$

$\tan\alpha =$

b)

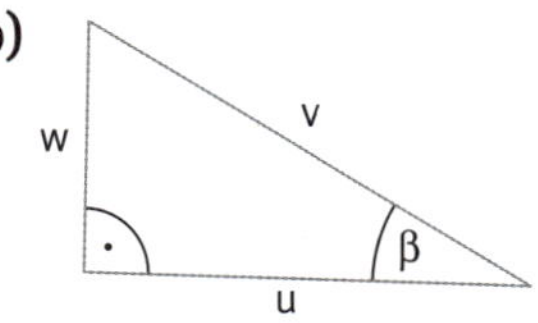

$\sin\beta =$

$\cos\beta =$

$\tan\beta =$

c)

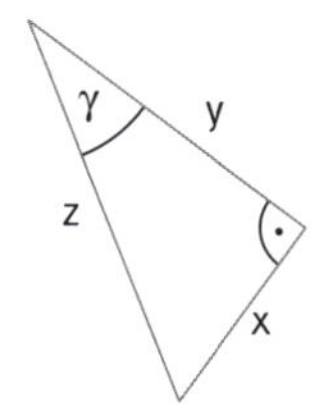

$\sin\gamma =$

$\cos\gamma =$

$\tan\gamma =$

d)

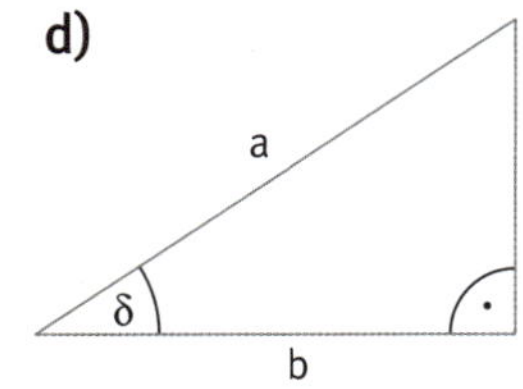

$\sin\delta =$

$\cos\delta =$

$\tan\delta =$

2 Berechne den Winkel α mithilfe der gegebenen Schrittfolge. Runde geeignet.

	a)	b)	c)
	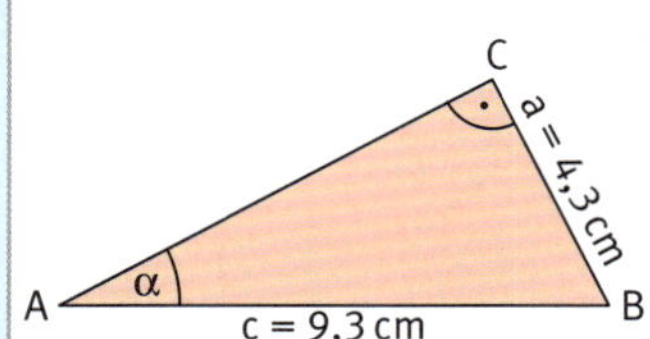	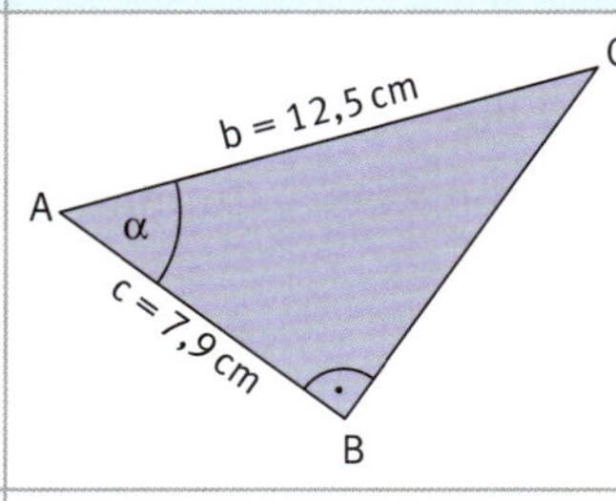	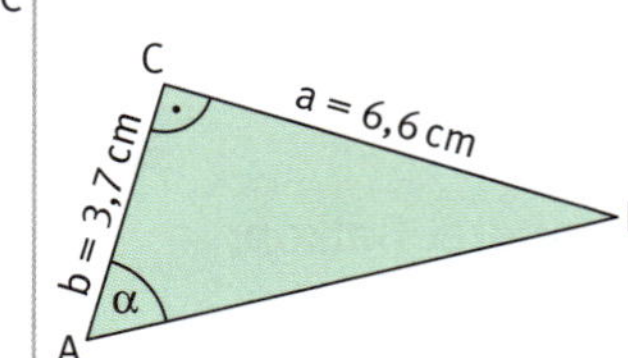
1 Zusammenhang beschreiben	$\sin\alpha =$		
2 Winkel α berechnen	$\alpha \approx$	$\alpha \approx$	$\alpha \approx$

3 Berechne die gesuchten, rot markierten Größen. Runde auf eine Dezimale.

a)

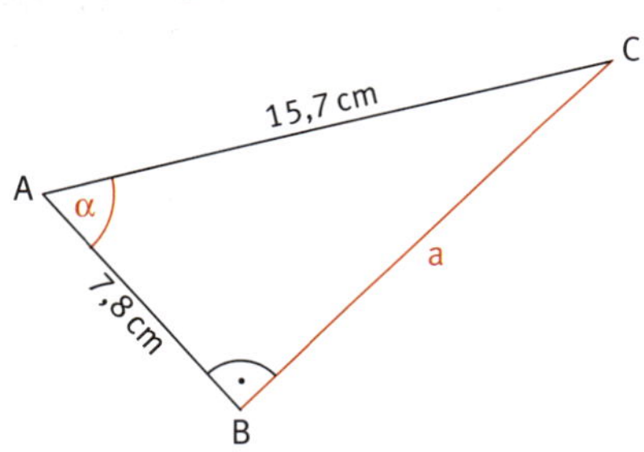

b)

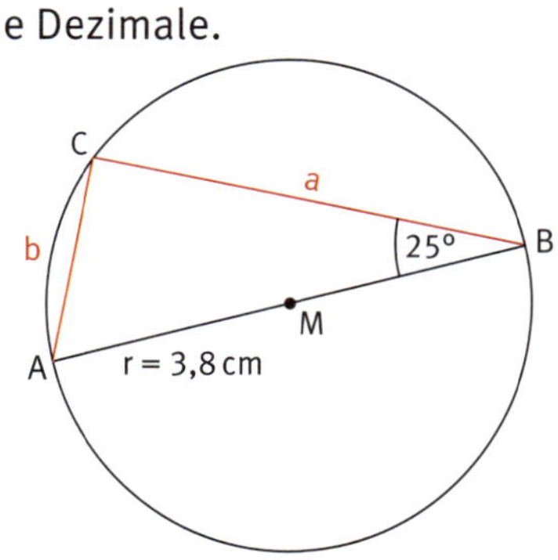

1 Beschreibe zunächst den Zusammenhang durch die Seitenbezeichnungen a, b und c.
Bestimme dann die Größe des Winkels α auf drei Arten. Runde auf ganze Grad.

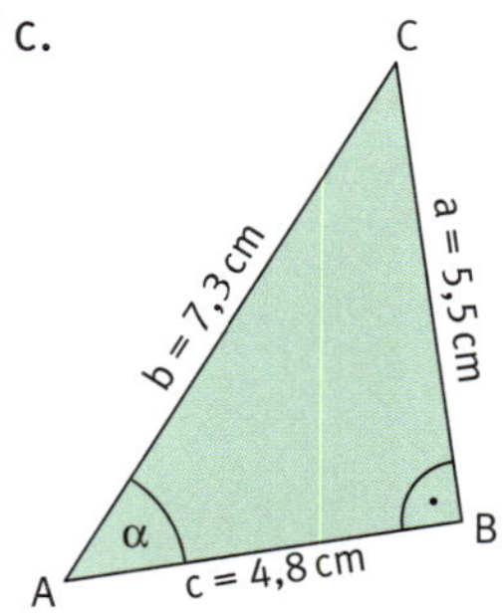

a) $\tan\alpha =$ ___
$\tan\alpha =$ ___
$\alpha =$ ___

b) $\sin\alpha =$ ___
$\sin\alpha =$ ___
$\alpha =$ ___

c) $\cos\alpha =$ ___
$\cos\alpha =$ ___
$\alpha =$ ___

2 Berechne die gesuchten Größen. Runde auf eine Dezimale.

a)

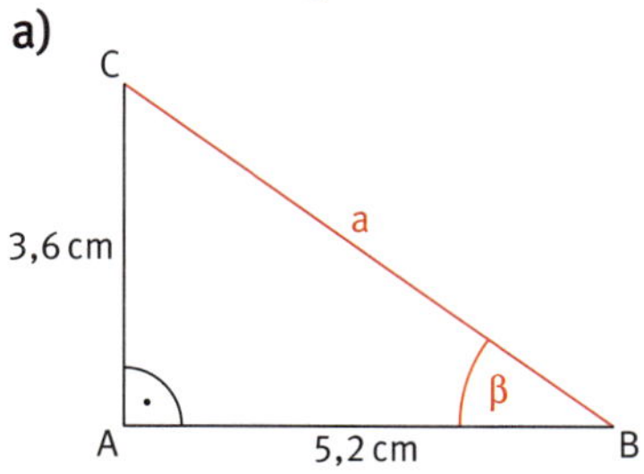

b)

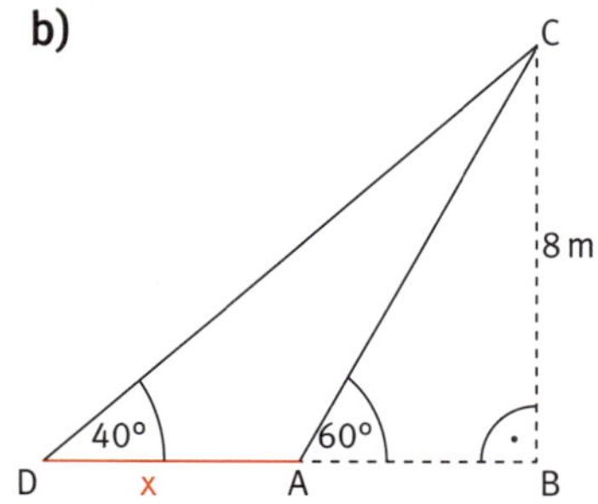

3 Der nebenstehende Quader hat folgende Maße:
$\overline{AB} = 9$ cm; $\overline{AD} = 6$ cm; $\overline{AE} = 4$ cm
Runde jeweils auf eine Dezimale.

a) Berechne das Maß δ des Winkels ∢ADB und die Länge der Flächendiagonale [BD] der Grundfläche.

b) Berechne das Maß β des Winkels ∢HBD.

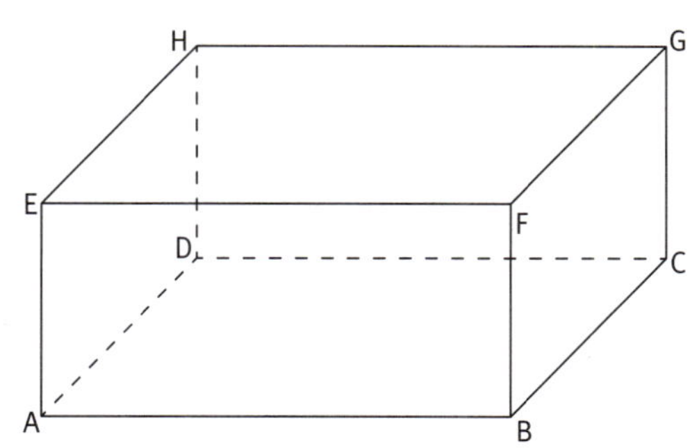

1 Eine 10 m lange Leiter steht an einer Hauswand. Bestimme für die gegebenen Winkelmaße α die Höhe h und den Abstand x. Runde auf cm.

	$\alpha = 60°$	$\alpha = 75°$	$\alpha = 80°$
h			
x			

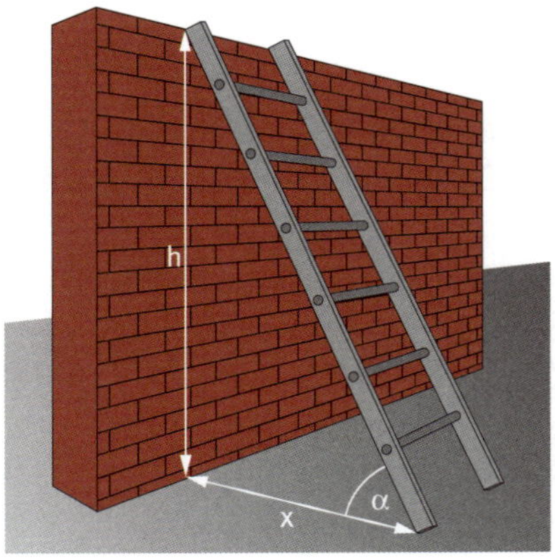

2 Die beiden Holme einer Stehleiter sind 3 m lang. Beim Aufstellen schließen sie einen Winkel von 30° ein. Berechne, wie hoch die Leiter reicht.

Antwort: Die Leiter reicht ________ m hoch.

3 **a)** Bestimme die Steigung in Prozent einer Straße mit dem Steigungswinkel $\alpha = 4°$. Runde auf ganze Prozent.

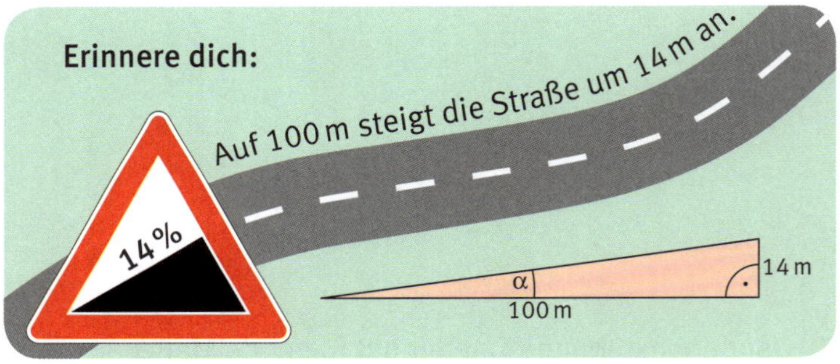

Steigung: ________ %

b) Die Schiene einer Bergbahn hat eine Steigung von 35 %. Berechne den Steigungswinkel α.

$\alpha \approx$ ________

4 **a)** Berechne die Länge l des äußeren Stahlseils der Brücke.

l ≈ ________ m

b) Berechne die Gesamthöhe des Mittelpfeilers.

h ≈ ________________________ m

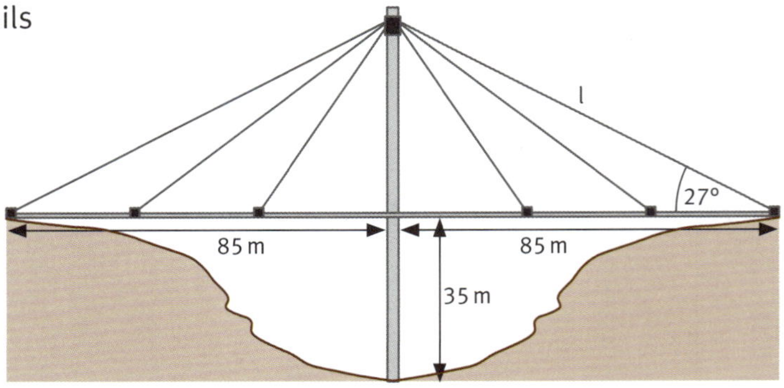

1 Ein Drachenflieger startet von einem 120 m hohen Hügel und gleitet (ohne Aufwind) mit einem Gleitwinkel von ungefähr 7° ins Tal hinab.

a) Begründe, dass die eingezeichneten Winkel α gleich groß sein müssen.

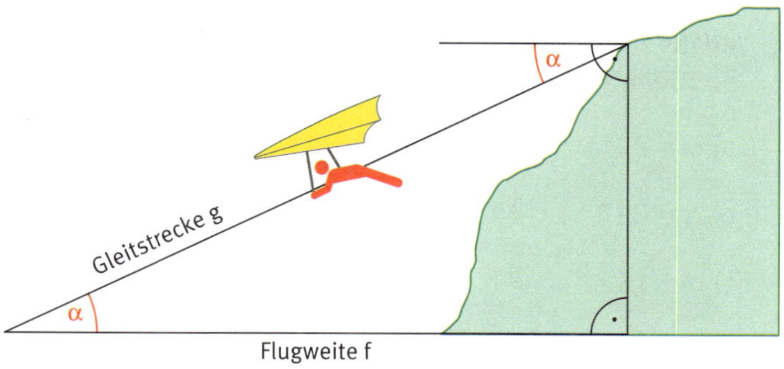

____

____

____

b) Bestimme die Flugweite f des Drachenfliegers.

Flugweite: f = ______ m

c) Berechne die Länge der Gleitstrecke g.

Gleitstrecke: g = ______ m

2 Vögel sind unterschiedlich gute Gleiter. Ihre Gleitfähigkeit wird als Verhältnis zwischen Höhenverlust und horizontal gemessener Flugstrecke festgelegt. Vervollständige die Tabelle, indem du für die Vogelarten den jeweiligen Gleitwinkel angibst.

Vogelart	Bussard	Möwe	Taube	Meise
Gleitfähigkeit	1 : 20	1 : 15	1 : 9	1 : 5
Gleitwinkel				

3 Die Abbildung soll die Lage von Bamberg auf der Erdkugel skizzieren. Man sagt: „Bamberg liegt auf dem 50. Breitengrad“, d. h. auf einem Kreis, der vom Äquator um 50° abweicht. Bestimme den Radius r dieses Kreises, wenn der Radius der Erde R ≈ 6370 km beträgt. Nutze die Skizze und beschrifte sie geeignet.

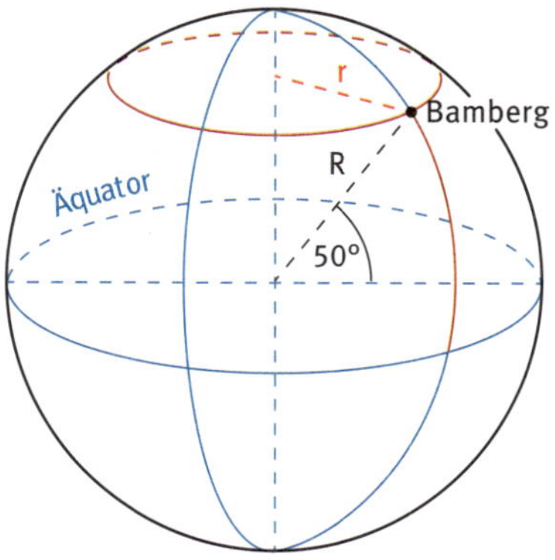

Skizze:

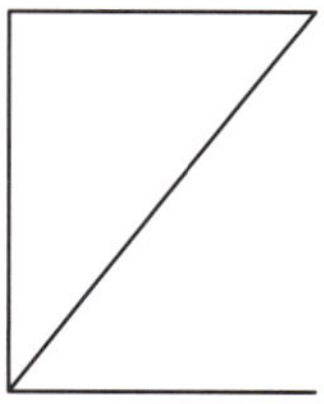

Radius r ≈ __________ km

1 Der Punkt P liegt auf dem Einheitskreis. Das Winkelmaß α gibt dabei an, wie weit er um den Ursprung – ausgehend vom Punkt (1|0) – gedreht wurde. Berechne die Koordinaten von P. Runde auf zwei Nachkommastellen. In welchem Quadraten (I bis IV) liegt P?

a) $\alpha = 30°$ P (______ | ______) ○ I ○ II ○ III ○ IV

b) $\alpha = 317°$ P (______ | ______) ○ I ○ II ○ III ○ IV

c) $\alpha = 163°$ P (______ | ______) ○ I ○ II ○ III ○ IV

2 Bestimme die Koordinaten der Punkte am Einheitskreis. Runde auf zwei Dezimalen.

P_1 (______ | ______) P_2 (______ | ______)

P_3 (______ | ______) P_4 (______ | ______)

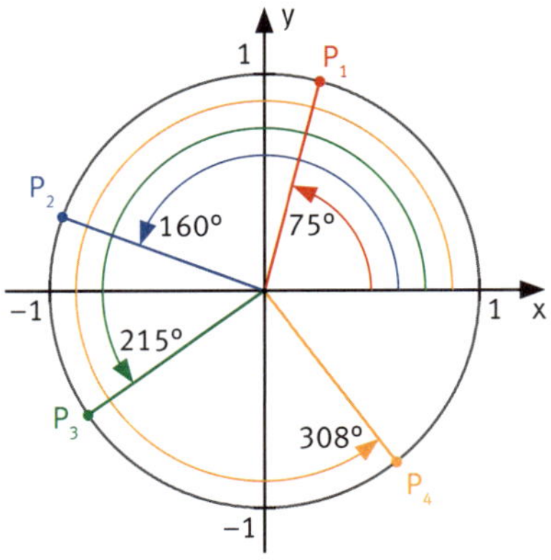

3 Kreuze die richtige Lösung an, ohne den Taschenrechner zu verwenden.

sin 0° = ...	○ 0	○ 0,5	○ 1	○ nicht definiert
sin 30° = ...	○ 0	○ 0,5	○ 1	○ nicht definiert
sin 90° = ...	○ 0	○ 0,5	○ 1	○ nicht definiert
cos 0° = ...	○ 0	○ 0,5	○ 1	○ nicht definiert
cos 60° = ...	○ 0	○ 0,5	○ 1	○ nicht definiert
cos 90° = ...	○ 0	○ 0,5	○ 1	○ nicht definiert
tan 45° = ...	○ 0	○ 0,5	○ 1	○ nicht definiert
tan 90° = ...	○ 0	○ 0,5	○ 1	○ nicht definiert

4 Mit $m = \tan \alpha$ kann man das Maß des Steigungswinkels berechnen, den eine Gerade mit der x-Achse einschließt. Ordne die Geradengleichungen zu und berechne die Steigungswinkel. Runde auf eine Dezimale.

1 $y = 1{,}3x - 3$
2 $y = 0{,}4x + 2$
3 $y = 0{,}6x$

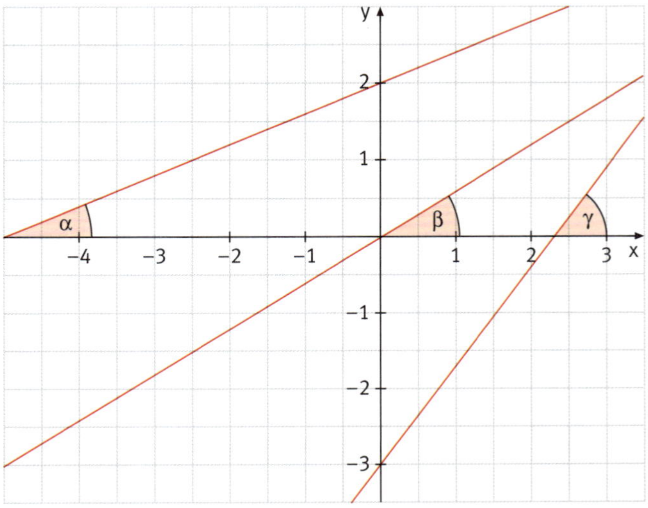

Gleichung ___ : $\tan \alpha =$ ___ $\alpha =$ ___

Gleichung ___ : $\tan \beta =$ ___ $\beta =$ ___

Gleichung ___ : $\tan \gamma =$ ___ $\gamma =$ ___

1 Löse folgende Gleichungen für $\alpha \in [-90°; 90°]$.

a) $\sin 130° = \sin \alpha$ $\alpha =$ ______

b) $\cos \alpha = \cos(-50°)$ $\alpha =$ ______

c) $\sin(230°) = \sin \alpha$ $\alpha =$ ______

d) $\cos 310° = \cos \alpha$ $\alpha =$ ______

2 Verbinde zusammengehörende Paare.

$\sin 150°$	$\sin 30°$	$\cos 150°$	$\tan(-30°)$	$\cos(-30°)$	$\sin(-30°)$
$-\sin(-30°)$	$\sin 30°$	$-\sin 30°$	$-\cos 30°$	$-\tan 30°$	$\cos 30°$

3 Finde alle auf ganze Grad gerundeten Winkelmaße $\alpha \in [0°; 180°]$, für die das Folgende gilt. Notiere die Buchstaben der Reihe nach. Wenn du alles richtig löst, erhältst du ein Lösungswort.

a) $\sin \alpha = 0{,}342$: ______

b) $\tan \alpha = 0{,}176$: ______

c) $\cos \alpha = 0{,}985$: ______

d) $\tan \alpha = 0{,}466$: ______

e) $\cos \alpha = -0{,}906$: ______

f) $\sin \alpha = 1$: ______

g) $\cos \alpha = -0{,}940$: ______

N	90°
W	20°
D	25°
O	155°
E	160°
L	10°

4 Für einen spitzen Winkel α gilt: $\sin \alpha = 0{,}80$.
Bestimme $\cos \alpha$ und $\tan \alpha$ ohne Verwendung des Taschenrechners.

$(\sin \alpha)^2 +$

5 Berechne in der angegebenen Gleichung das Winkelmaß α für $\alpha \in [0°; 360°[$.
Tipp: Denke an die binomischen Formeln und an $(\sin \alpha)^2 + (\cos \alpha)^2 = 1$.

$(1 - \cos \alpha) \cdot (1 + \cos \alpha) = \sin \alpha$

1 Bestimme wie im Beispiel alle Winkelmaße, die die Gleichung erfüllen. Markiere sie in dem entsprechenden Graphen. Die Grundmenge ist jeweils der gezeichnete Bereich.

a) $\sin \alpha = \frac{\sqrt{2}}{2}$

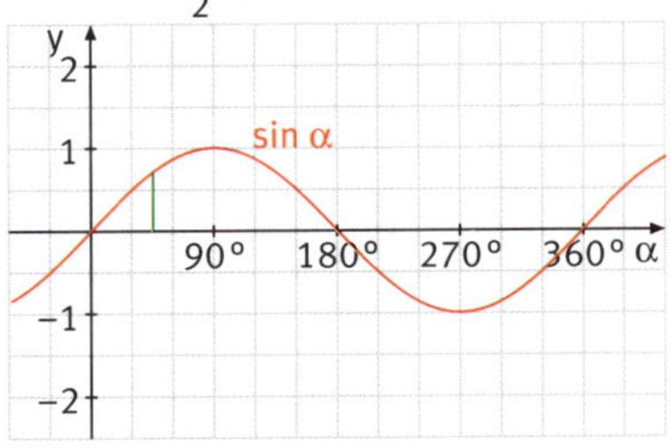

45°

b) $\cos \alpha = 0{,}5$

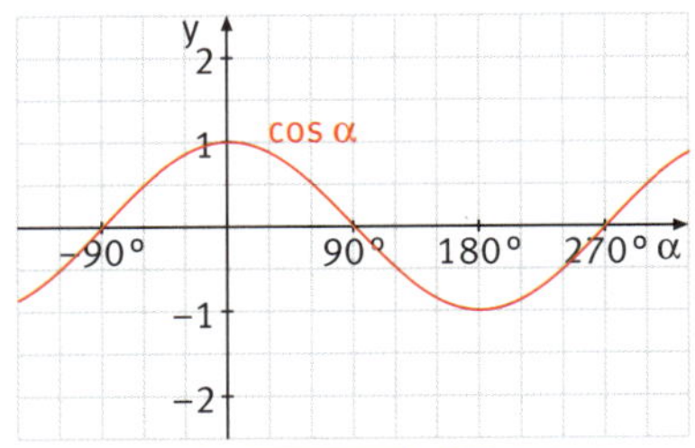

c) $\tan \alpha = 1$

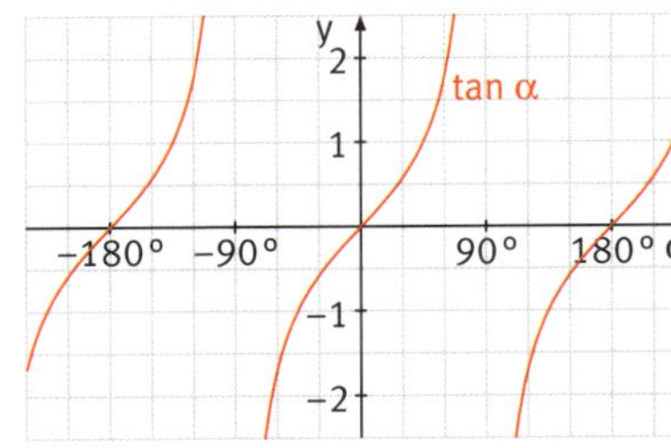

2 Bestimme jeweils die Periodenlänge.

a)

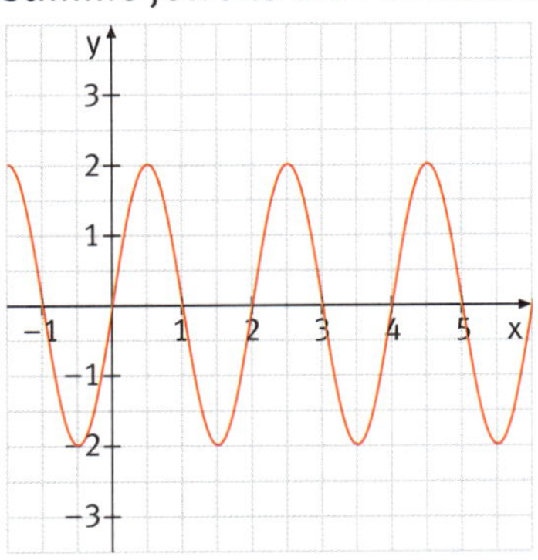

Periodenlänge: ____ Einheiten

b)

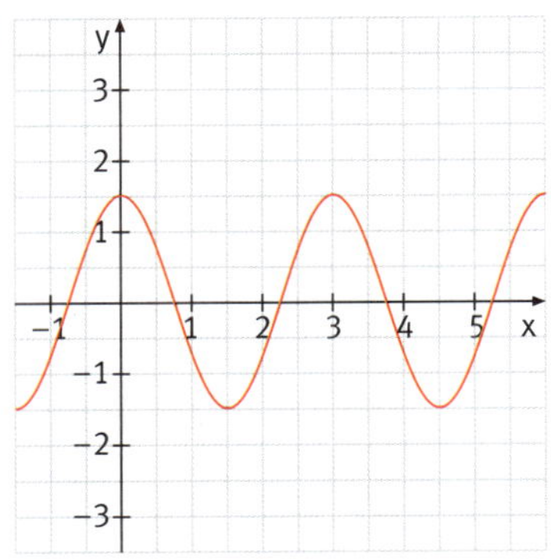

Periodenlänge: ____ Einheiten

c)

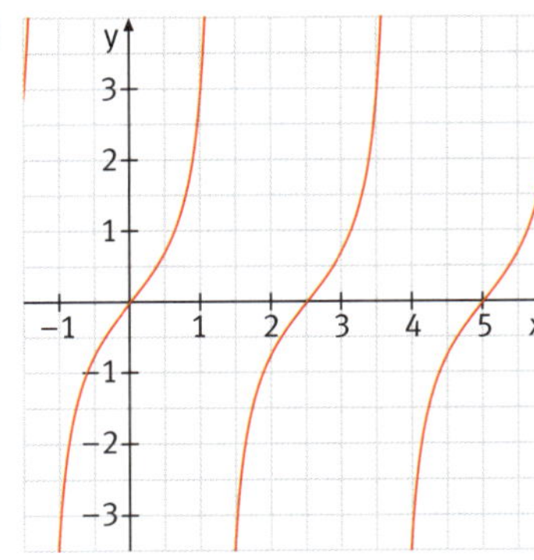

Periodenlänge: ____ Einheiten

3 Kreuze die zutreffenden Aussagen an.

◯ Der Graph der Sinusfunktion ist achsensymmetrisch zur y-Achse.
◯ Die Tangensfunktion ist für alle Winkelmaße definiert.
◯ Wenn man den Graphen der Sinusfunktion um −90° entlang der α-Achse verschiebt, erhält man den Graphen der Kosinusfunktion.

4 **a)** Übertrage die Höhen der roten Punkte, die eine verlängerte Zeigerspitze eines Stundenzeigers erzeugt hat, in das Koordinatensystem, und vervollständige den Graphen.

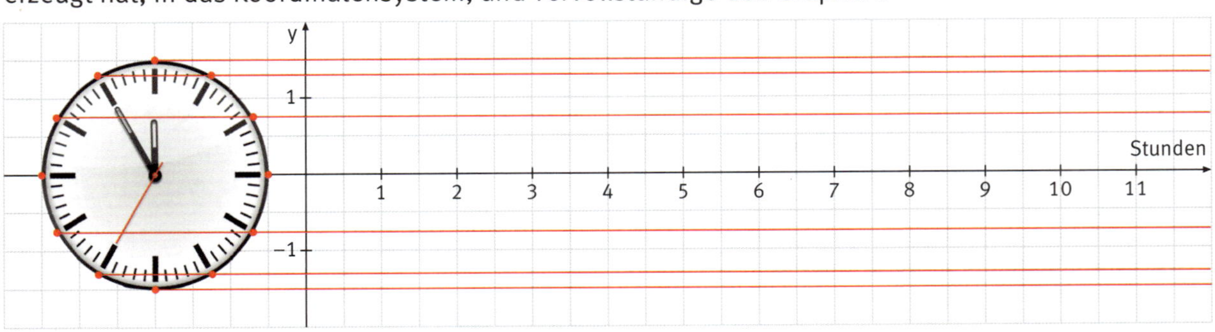

b) Der Funktionsterm unterscheidet sich von denjenigen, die du bisher kennen gelernt hast, dadurch, dass man beim Sinus keine Winkelmaße in Grad einsetzt, sondern reelle Zahlen (die Anzahl der Stunden). Einer der folgenden Funktionsterme ergibt den obigen Graphen. Finde es heraus, indem du ein Geometrieprogramm verwendest oder einige Werte einsetzt (z. B. x = 2, x = 3, …).

◯ $y = 1{,}5 \cdot \sin \frac{\pi \cdot (x+3)}{2}$ ◯ $y = 1{,}5 \cdot \sin x$ ◯ $y = 1{,}5 \cdot \sin \frac{\pi \cdot (x+3)}{6}$ ◯ $y = 1{,}5 \cdot \sin \frac{\pi \cdot x}{6}$

1 Einige Werte von sin, cos und tan lassen sich exakt bestimmen.

a) Bestimme im Quadrat und im gleichseitigen Dreieck die rot markierten Längen mithilfe des Satzes von Pythagoras. Schreibe die exakten Werte durch Wurzeln, wenn nötig.

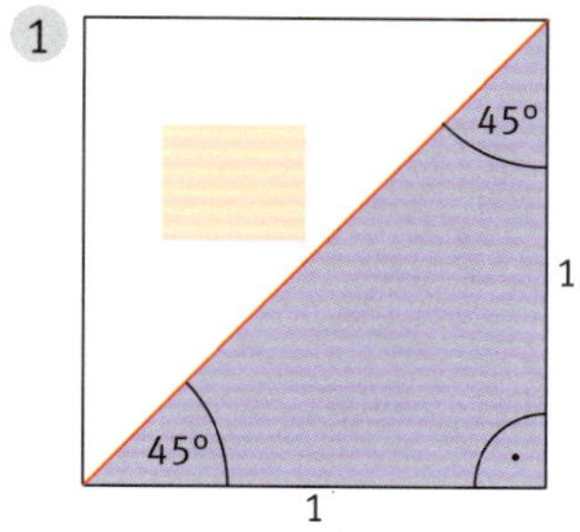

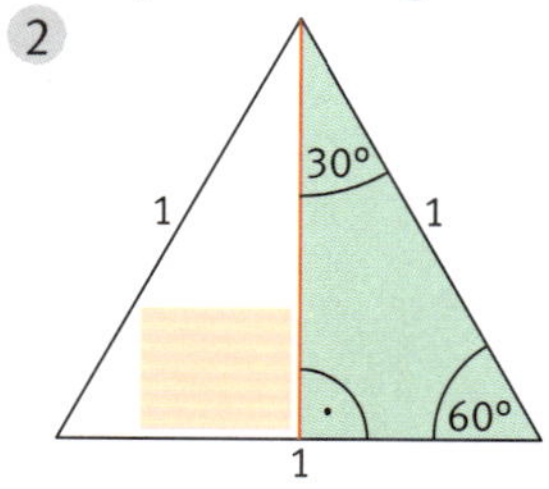

b) Vervollständige die exakten Werte in der Tabelle. Nutze Zusammenhänge, die du kennst.

	0°	30°	45°	60°	90°
sin					
cos					
tan					

2 Betrachte das gleichschenklige Dreieck ABC. Notiere jeweils drei verschiedene Möglichkeiten, um die gesuchte Länge (b, c bzw. h_c) mithilfe der anderen gegebenen Größen zu berechnen.

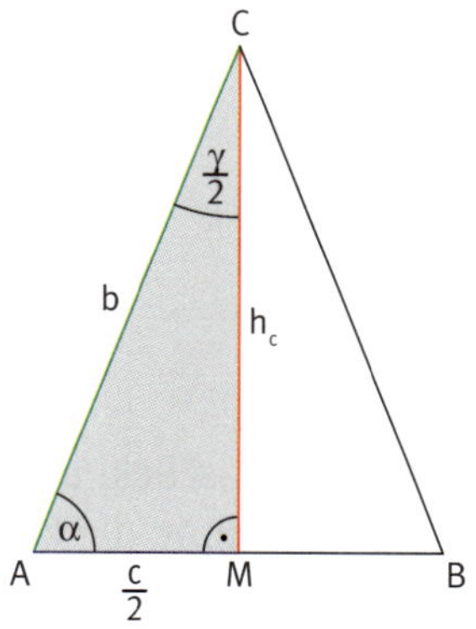

3 Berechne die Längen der Diagonalen einer Raute mit der Seitenlänge a = 3 cm. Es gilt: $\frac{\alpha}{2} = 20°$.

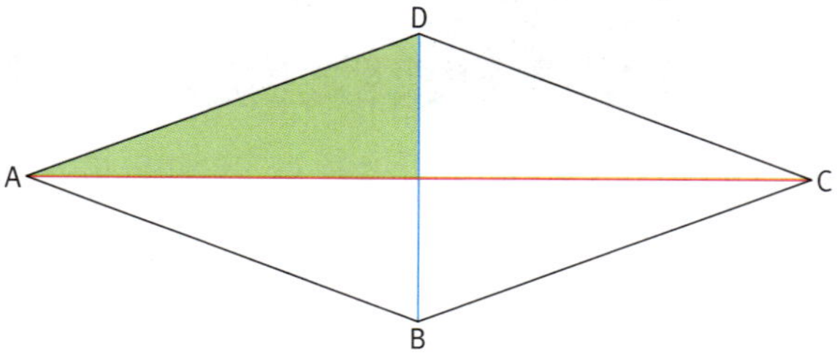

1 Kreuze alle Möglichkeiten an, die die Zusammenhänge richtig angeben.

a)

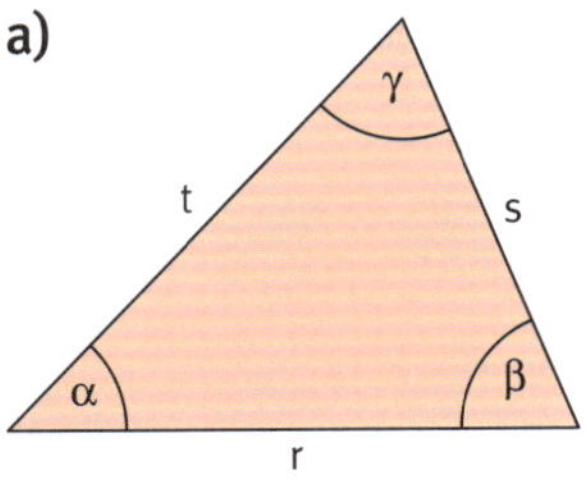

- ○ $\frac{r}{\sin\alpha} = \frac{t}{\sin\gamma}$
- ○ $\frac{s}{\sin\alpha} = \frac{t}{\sin\beta}$
- ○ $\frac{t}{\sin\beta} = \frac{r}{\sin\alpha}$
- ○ $\frac{s}{\sin\alpha} = \frac{r}{\sin\alpha}$

b)

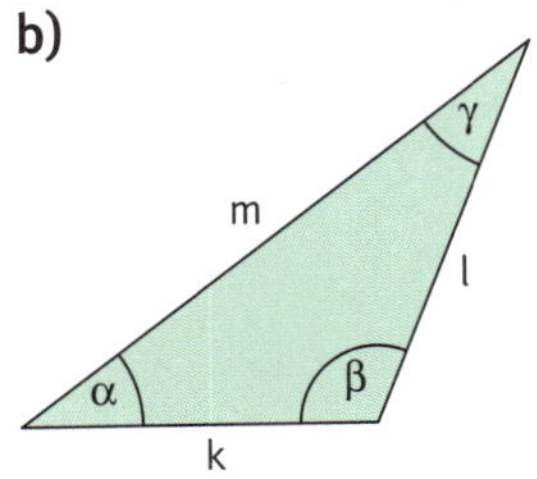

- ○ $\frac{l}{\sin\alpha} = \frac{k}{\sin\gamma}$
- ○ $\frac{k}{\sin\alpha} = \frac{m}{\sin\beta}$
- ○ $\frac{m}{\sin\beta} = \frac{l}{\sin\alpha}$
- ○ $\frac{k}{\sin\gamma} = \frac{l}{\sin\alpha}$

c)

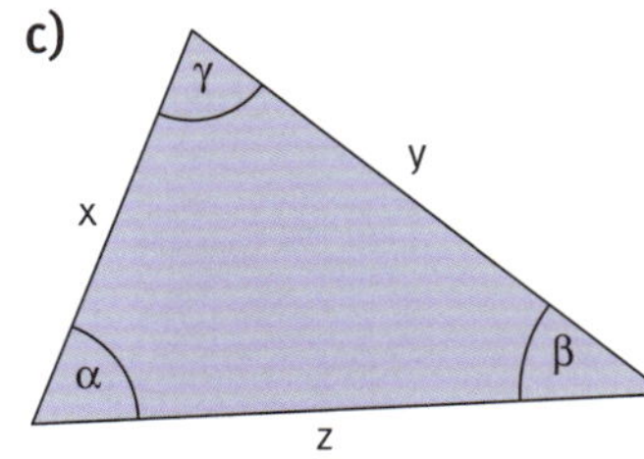

- ○ $\frac{\sin\alpha}{y} = \frac{\sin\beta}{z}$
- ○ $\frac{\sin\gamma}{z} = \frac{\sin\alpha}{y}$
- ○ $\frac{\sin\beta}{x} = \frac{\sin\gamma}{y}$
- ○ $\frac{y}{\sin\alpha} = \frac{z}{\sin\gamma}$

2 Ergänze in der Tabelle die fehlenden Größen des Dreiecks ABC. Runde geeignet.

	a)	b)	c)	d)	e)
a	7,5 cm	4,8 cm			17,1 m
b	3,4 cm		12,1 m		
c		9,2 cm		5,6 cm	
α	65°		35°	45°	
β			68°		27°
γ		110°		80°	95°

3 Bei einer Aufforstung soll ein künftiges Waldgrundstück, das näherungsweise dreieckig ist, eingezäunt werden, um es vor Wildverbiss zu schützen. Berechne die Länge des dafür notwendigen Zauns. Entnimm die Angaben der Zeichnung.

Zaunlänge: ________ m

1 Stelle jeweils den Kosinussatz für das Dreieck mit den gegebenen Bezeichnungen auf.

a)

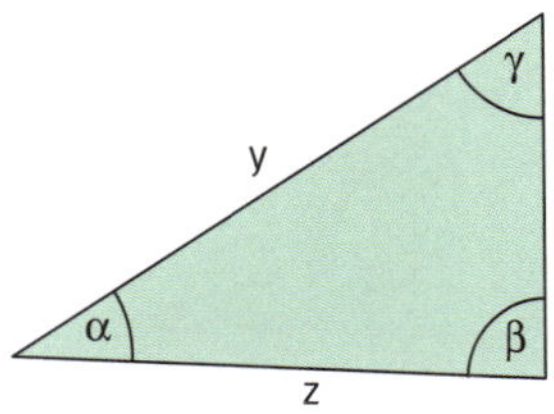

$x^2 =$

$y^2 =$

$z^2 =$

b)

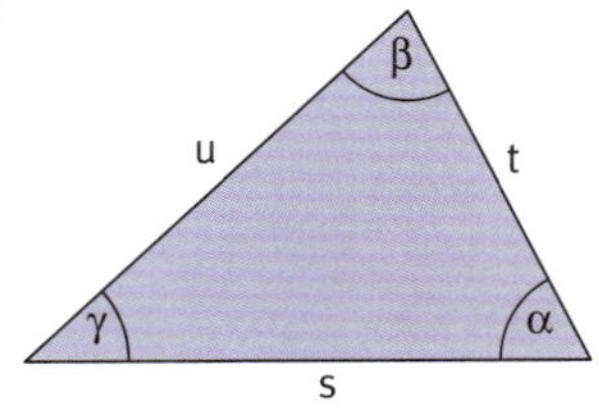

$s^2 =$

$t^2 =$

$u^2 =$

c)

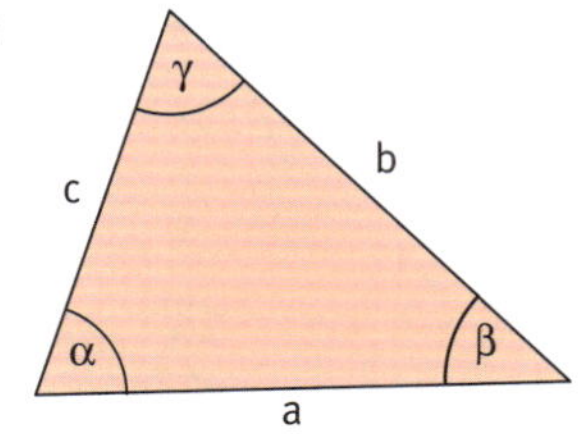

$a^2 =$

$b^2 =$

$c^2 =$

2 Zeige durch Umformung, dass der Satz des Pythagoras als Spezialfall des Kosinussatzes betrachtet werden kann. Gehe von einem Dreieck ABC mit $\gamma = 90°$ aus.

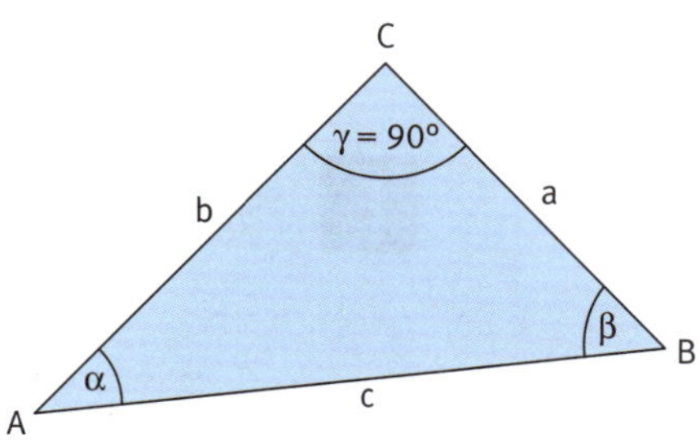

$c^2 = \quad + \quad -$

$=$

$c^2 = a^2 + b^2$

3 Bestimme die Größe der Innenwinkel des Dreiecks ABC.

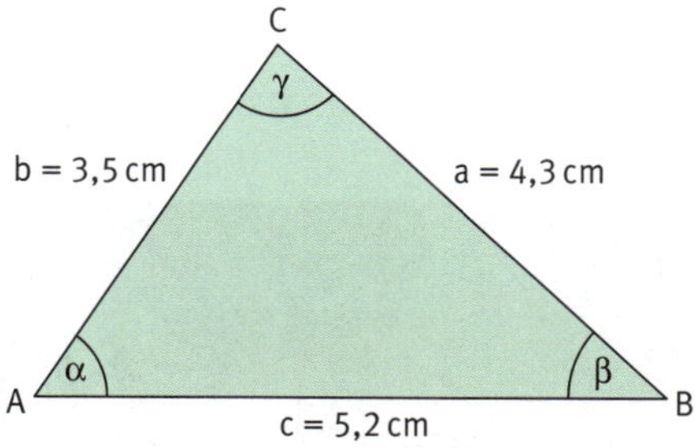

$\alpha \approx$

$\beta \approx$

$\gamma \approx$

4 An einem Binnensee in Deutschland verbindet eine Fähre die beiden eingezeichneten Orte. Bestimme die Länge s der Strecke, die die Fähre zurücklegt.

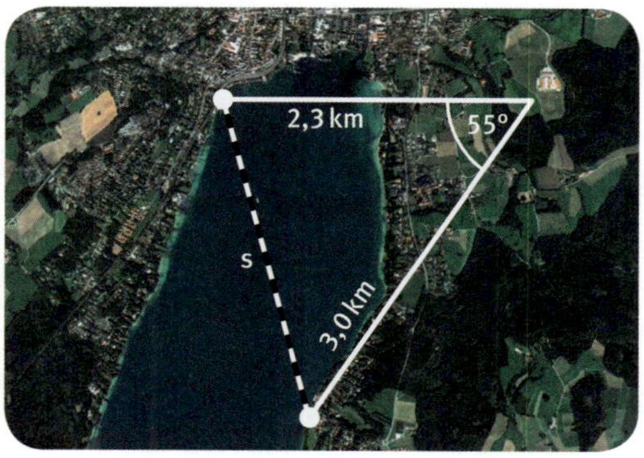

Länge der Fährverbindung: ________ km

1 Schreibe drei Möglichkeiten auf, um den Flächeninhalt des Dreiecks zu berechnen.

a)

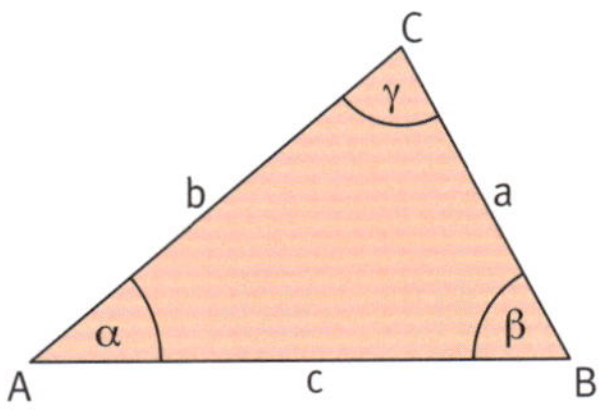

b)

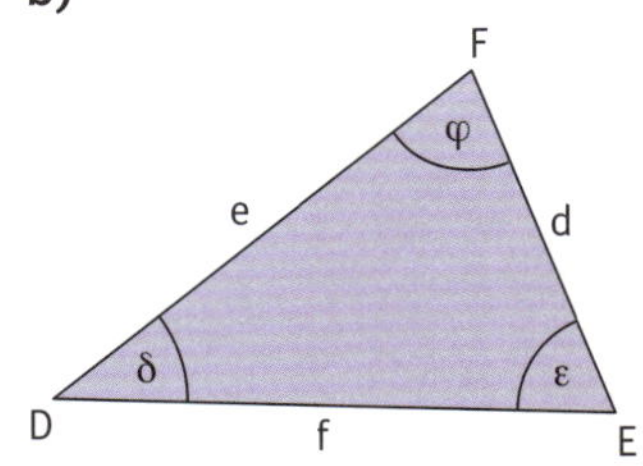

2 Berechne jeweils den Flächeninhalt der Dreiecke ABC. Die Lösungen ergeben in der Reihenfolge der Aufgabe einen Ort in Bayern.

a) $a = 3{,}5\,cm$; $b = 7{,}1\,cm$; $\gamma = 32°$

b) $a = 6{,}2\,cm$; $c = 4{,}3\,cm$; $\beta = 85°$

c) $a = 4{,}8\,cm$; $b = 7{,}6\,cm$; $\gamma = 74°$

d) $b = 9{,}2\,cm$; $c = 2{,}8\,cm$; $\alpha = 55°$

e) $b = 1{,}8\,cm$; $c = 12{,}3\,cm$; $\alpha = 68°$

f) $a = 2{,}3\,cm$; $c = 7{,}0\,cm$; $\beta = 47°$

g) $b = 4{,}0\,cm$; $c = 8{,}2\,cm$; $\alpha = 20°$

D $A \approx 10{,}6\,cm^2$

G $A \approx 6{,}6\,cm^2$

G $A \approx 5{,}6\,cm^2$

I $A \approx 10{,}3\,cm^2$

E $A \approx 17{,}5\,cm^2$

R $A \approx 13{,}3\,cm^2$

N $A \approx 5{,}9\,cm^2$

Lösungswort: ___ ___ ___ ___ ___ ___ ___

3 Frau Vollmer lässt ein 6,80 m breites Carport mit Satteldach bauen. Die vordere Dachfläche möchte sie noch mit Alublech verkleiden, um sie besser gegen Witterungseinflüsse zu schützen. Sie misst eine Dachschräge von 30° gegen die Horizontale. Wie viel Blech benötigt sie, wenn sie zusätzlich 10 % für Verschnitt einplant?

Dachlänge l:

A =

Frau Vollmer benötigt ________ m^2 Alublech.

4 Berechne den Flächeninhalt des Trapezes (b = d).

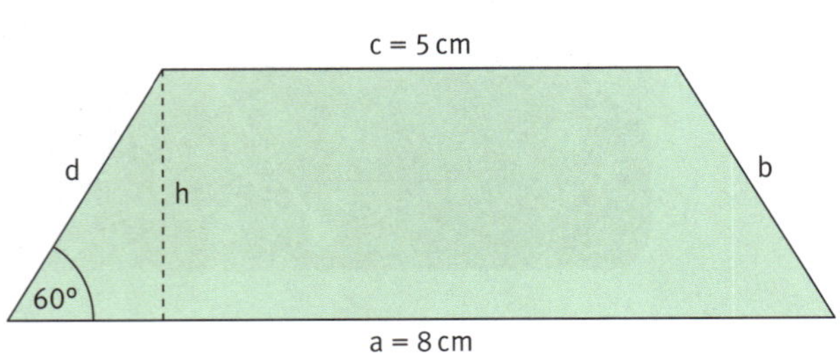

A = ________

1 Vervollständige. Bestimme notwendige Maße durch Messen.

	a)	b)
Netz	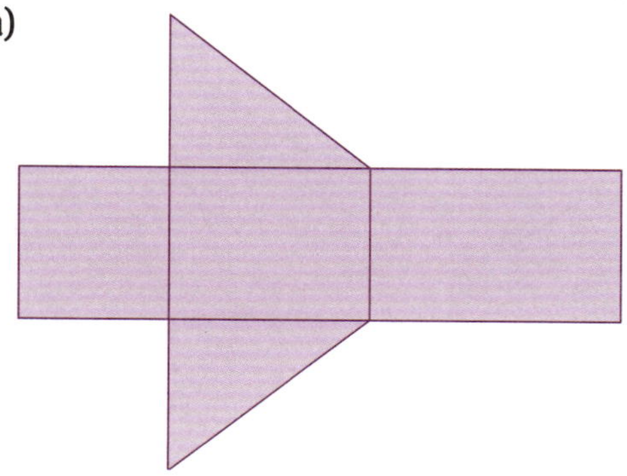	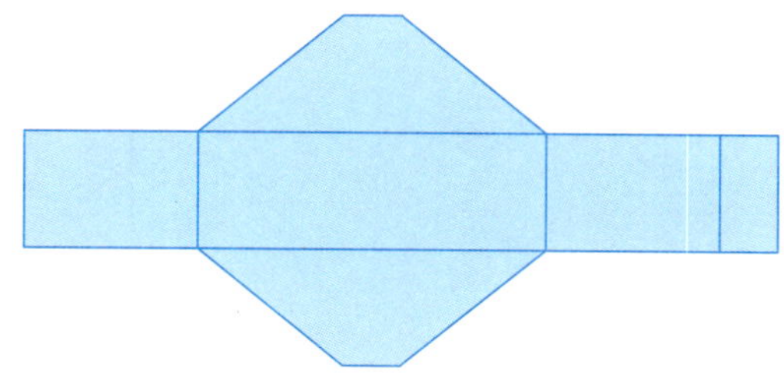
Form der Grundfläche		
Mantelfläche		
Grundfläche		
Oberfläche		

2 Skizziere das Netz des Prismas und berechne den Inhalt seiner Oberfläche.

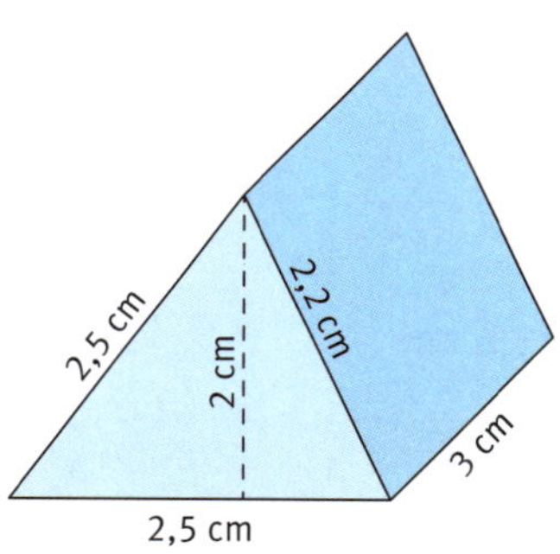

Skizze Netz:

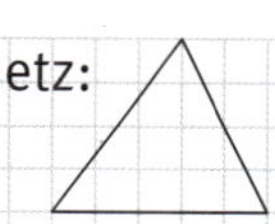

1 cm

Rechnung:

3 Die Abbildung zeigt das Netz einer Blechdose, das aus einem Blechstück ausgestanzt wird,

a) Bestimme den Radius der Grundfläche.

b) Bestimme den Inhalt der Oberfläche der Dose.

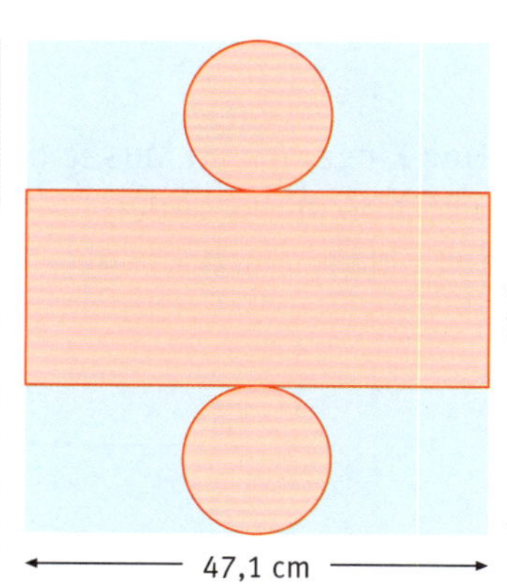

1 Vervollständige die Tabelle. Runde auf eine Nachkommastelle.

	a)	b)
Netz	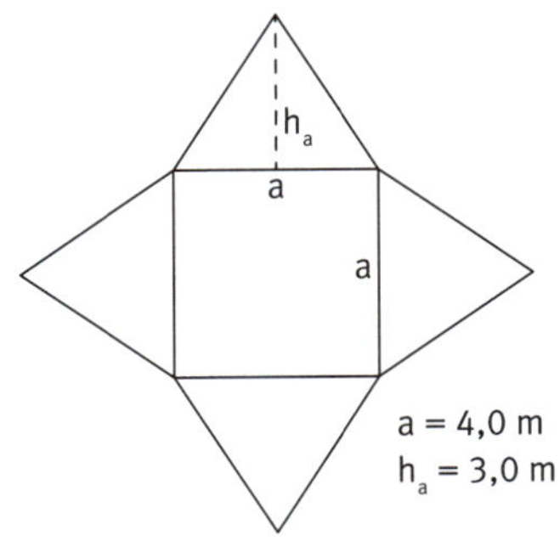	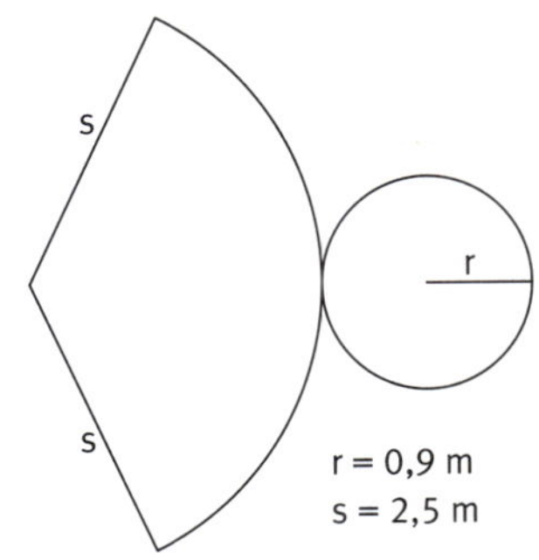
Körper		
Berechnung der Mantelfläche	◯ $A_M = A_{Dreieck}$ bei dreieckiger Seitenfläche ◯ $A_M = a^2$ bei regelmäßiger Pyramide ◯ $A_M = n \cdot A_{Dreieck}$ bei n-eckiger Pyramide	◯ $A_M = \pi \cdot r^2$ ◯ $A_M = \pi \cdot r \cdot s$ ◯ $A_M = 2\pi \cdot r \cdot s$
Mantelfläche		
Grundfläche		
Oberfläche		

2 Berechne die fehlenden Werte. Runde auf eine Dezimale.

a)	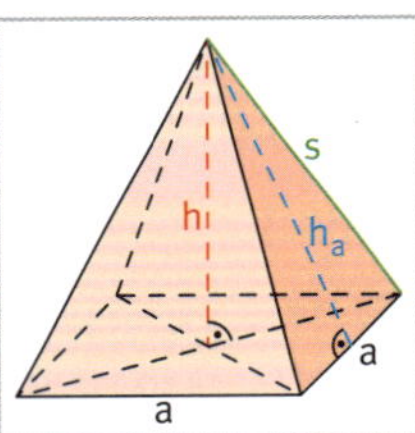	a	h	h_a	s	A_G	A_M	A_O
Pyramide 1		5,2 m		9,1 m				
Pyramide 2					22,2 cm	201,6 cm²		

b)	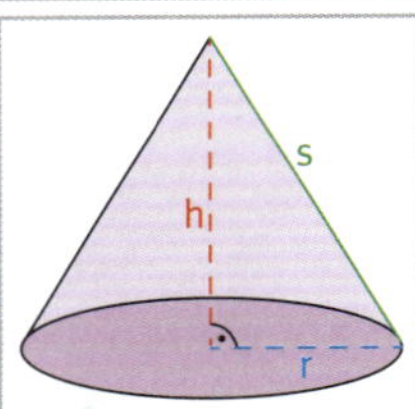	r	h	s	A_G	A_M	A_O
Kegel 1		8,5 dm	69 cm				
Kegel 2				8,0 cm	72,3 cm²		

3 Den Eingang zum Musée du Louvre in Paris bildet eine 21,65 m hohe, regelmäßige Pyramide mit einer 1253,16 m² großen, quadratischen Grundfläche. Wie groß ist die Glasfläche der Pyramide? Runde auf eine Nachkommastelle.

1 Kreuze an, welche Formel das Volumen der Körper angibt. Es kann mehrere Lösungen geben.

a)

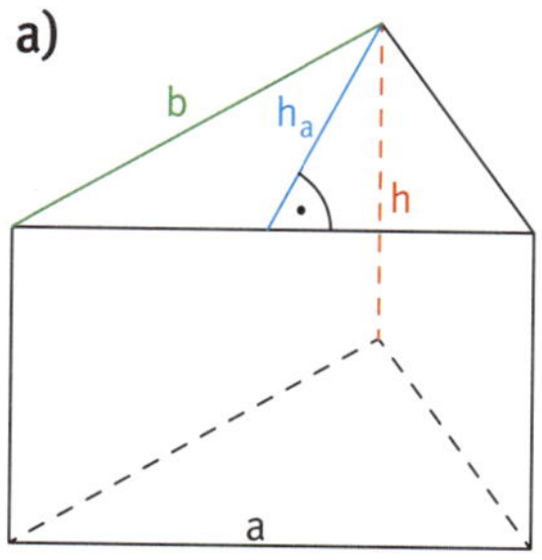

◯ $V = 0{,}5 \cdot b \cdot h_a \cdot h$
◯ $V = a \cdot h_a \cdot b$
◯ $V = h \cdot a \cdot b$
◯ $V = 0{,}5 \cdot a \cdot h_a \cdot h$

b)

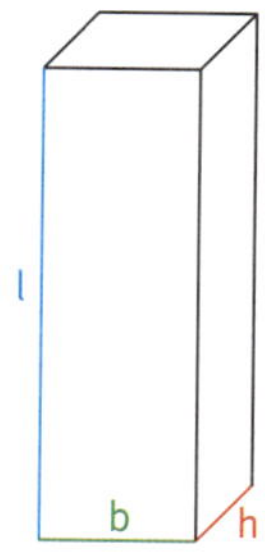

◯ $V = b \cdot l \cdot h$
◯ $V = (b \cdot h) \cdot l$
◯ $V = 2 \cdot (0{,}5b \cdot l) \cdot h$
◯ $V = (0{,}5b \cdot h) \cdot l$

c)

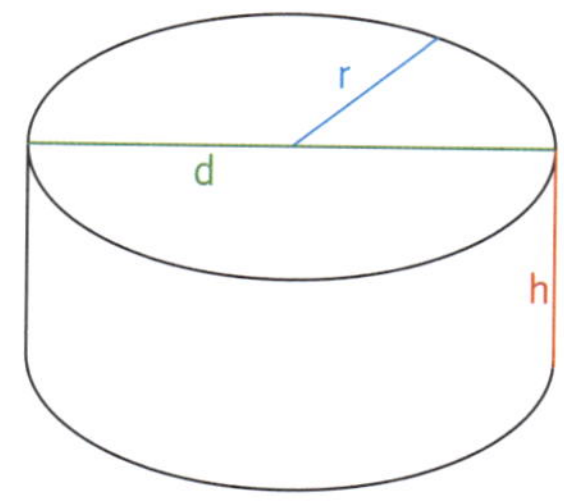

◯ $V = r \cdot \pi \cdot r \cdot h$
◯ $V = h \cdot (d : 2)^2 \cdot \pi$
◯ $V = h^2 \cdot \pi \cdot r$
◯ $V = r^2 \cdot \pi \cdot h$

d)

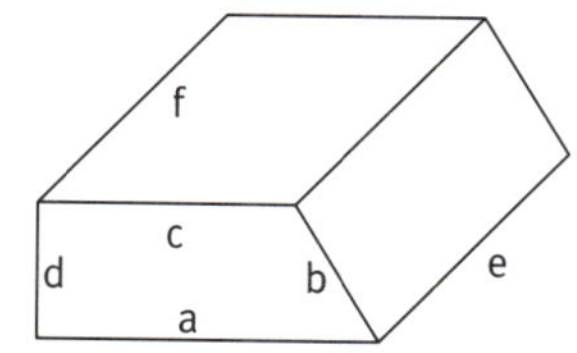

◯ $V = c \cdot f \cdot d$
◯ $V = (0{,}5a + c) \cdot d \cdot f$
◯ $V = 0{,}5 \cdot (c + a) \cdot d \cdot e$
◯ $V = (a + b + c + d) \cdot e \cdot f$

2 a) Bei einem Milch-Laster hat der zylinderförmige Tank einen Durchmesser von 2,4 m und ist 8,2 m lang. Wie viel Liter Milch passen in den Tank?

Antwort: in den Tank passen etwa ________ l Milch.

b) Aus der Milch einer Tankladung können etwa 8445 dm³ Frischkäse hergestellt werden. Die Molkerei verwendet für unterschiedliche Verpackungsgrößen unterschiedliche Verpackungsformen.

① Die größere der beiden Packungen hat die gezeichnete Form und Größe. Welche Käsemenge passt in diesen Becher? Wie viele solcher Becher kann man mit der aus einer Tankladung hergestellten Käsemenge füllen?

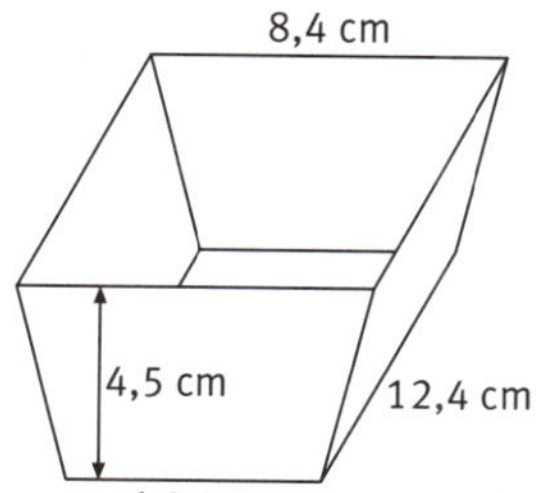

② In das sogenannte „FRIKÄTÖ" („Frischkäsetöpfchen") passen 250 ml Käsemasse. Es hat innen einen Umfang von 18,85 cm. Wie hoch muss das „FRIKÄTÖ" mindestens sein?

1 Berechne die gesuchten Größen. Verwende für Rechnungen ein separates Blatt.

a)

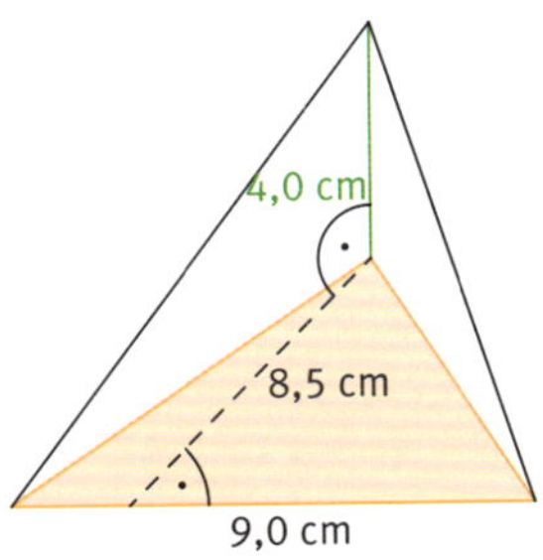

A_G = ____________

V = ____________

b)

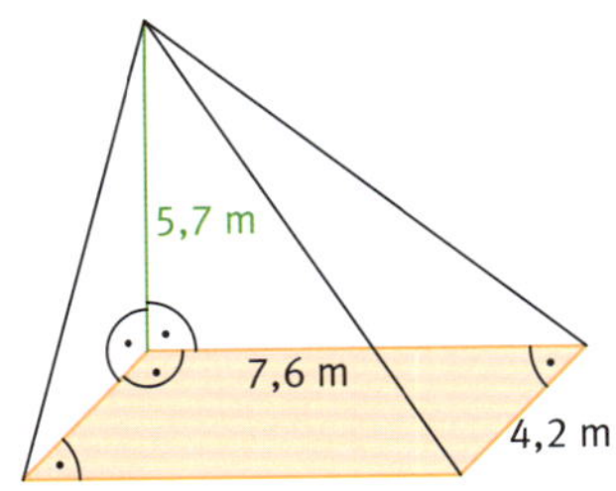

A_G = ____________

V = ____________

c)

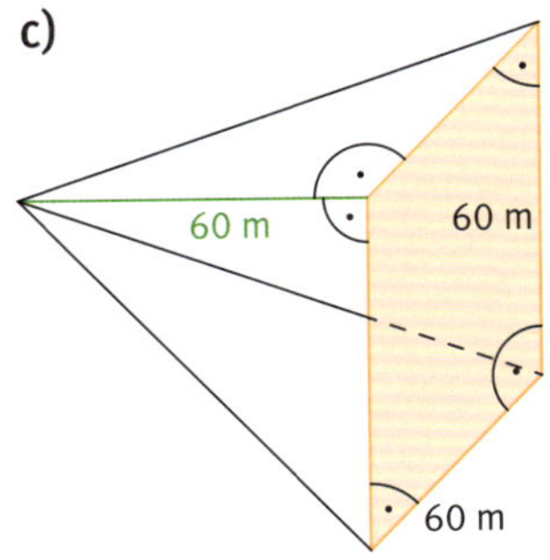

A_G = ____________

V = ____________

d)

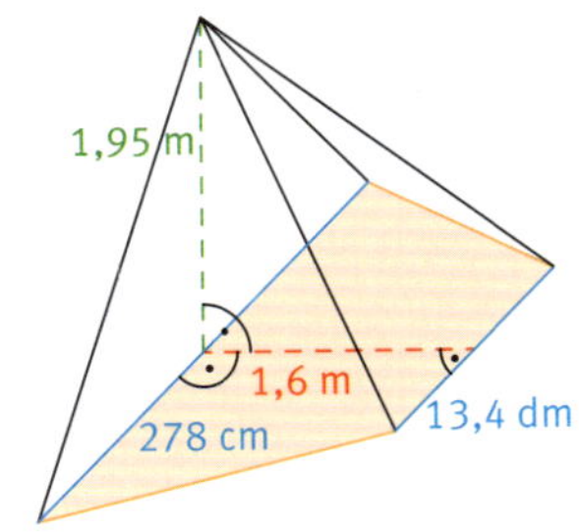

A_G = ____________

V = ____________

2 Berechne das Volumen der quadratischen Pyramide. Verwende den Satz des Pythagoras.

a)

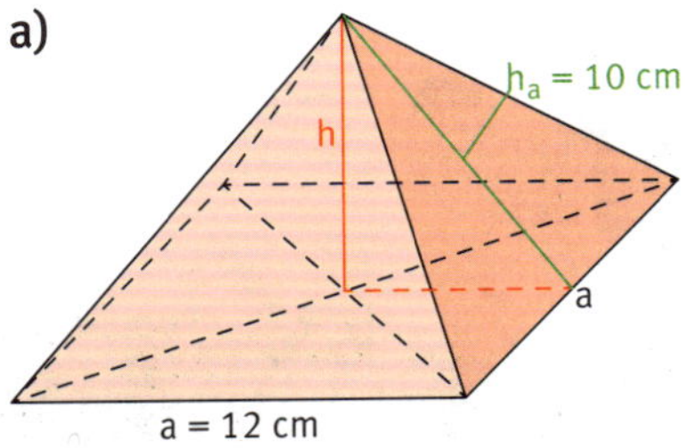

V = ____________

b)

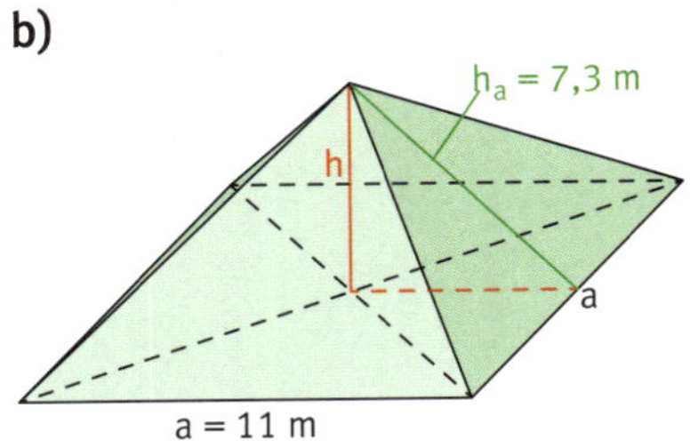

V = ____________

c)

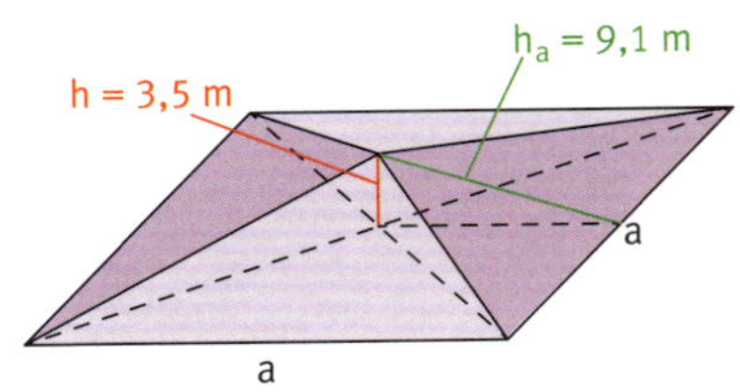

V = ____________

3 Eine Blumenampel hat die Form einer dreiseitigen Pyramide, bei der die Grundfläche ein gleichseitiges Dreieck mit einer Seitenlänge von 24 cm ist. Die Innenhöhe der Blumenampel beträgt 35 cm.
Wie viel Erde passt in den Blumentopf, wenn er voll gefüllt ist?

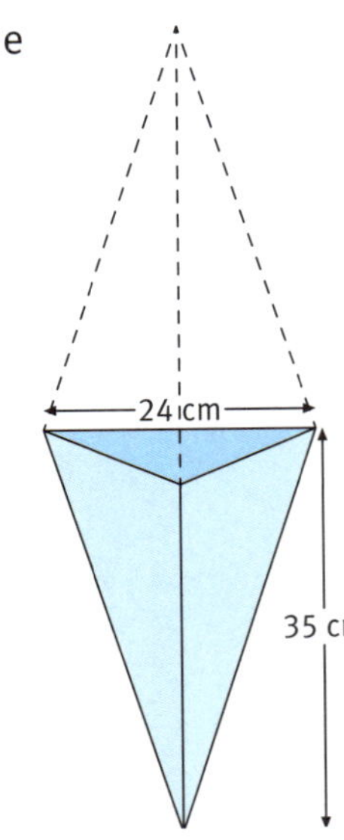

Antwort: In den Blumentopf passen etwa ________ l Erde.

1 Berechne das Volumen des Kegels. Runde geeignet.

a)

b)
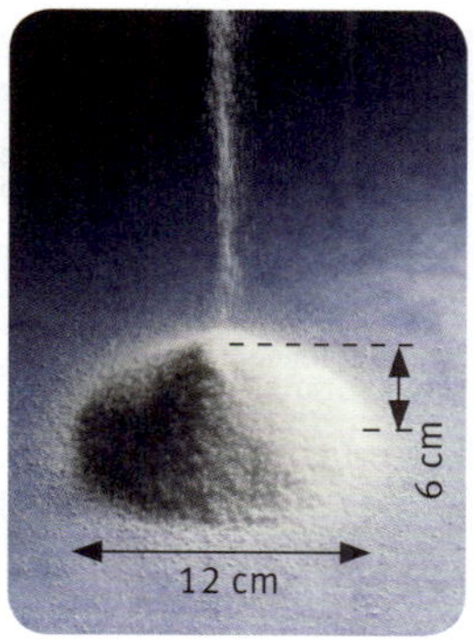

c)

d)
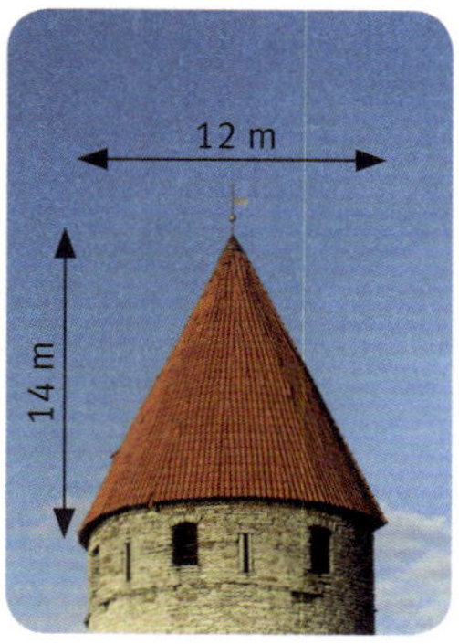

V = ________ cm^3 V = ________ cm^3 V = ________ ml V = ________ m^3

2 Die Flächen rotieren um die Rotationsachse. Welche Körperform bzw. Volumenformel erhält man dabei?

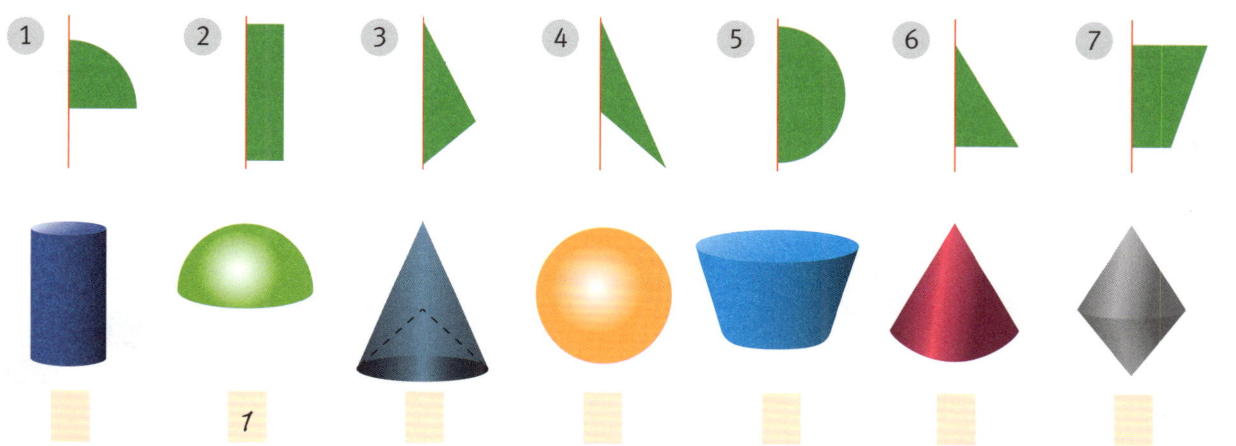

- $r^2\pi h$
- 1 $\frac{2}{3}\pi r^3$
- $\frac{4}{3}\pi r^3$
- $\frac{1}{3}r^2\pi h$
- $\frac{1}{3}r^2\pi h_1 + \frac{1}{3}r^2\pi h_2$
- $\frac{1}{3}r_1^2\pi h_1 - \frac{1}{3}r_2^2\pi h_2$
- $\frac{1}{3}r^2\pi h_1 - \frac{1}{3}r^2\pi h_2$

3 Berechne die fehlenden Kegelmaße.

	r	s	h	A_G	A_M	O	V
a)	0,80 m		0,54 m				
b)			9,2 dm				513,5 dm^3
c)		105 mm		22 167 mm^2			

4 In einem Kieswerk wird der geförderte Kies zu sogenannten Schüttkegeln aufgetürmt. Der abgebildete Schüttkegel hat einen Umfang von 21 m und eine Höhe von 2,8 m. Wie viele Kubikmeter Kies sind das?

Volumen der Kugel

1 Berechne das Volumen der kugelförmigen Gegenstände. Runde auf eine Dezimale.

a) Murmel

16 mm

$V =$ ______ mm^3

b) Sitzball

8 dm

$V =$ ______ dm^3

c) Eiskugel

4,5 cm

$V =$ ______ cm^3

d) Zorbing-Kugel

3,1 m

$V =$ ______ m^3

e) Gastank

22,5 m

$V =$ ______ m^3

2 Berechne die fehlenden Größen einer Kugel.

	a)	b)	c)	d)	e)	f)
r	3,0 cm			5,6 m		
d		90 mm				5,4 mm
u			377 dm		3476 km	
V						

3 Bowlingkugeln können unterschiedlich groß und verschieden schwer sein. Ihr Umfang darf jedoch nicht mehr als 27 Zoll betragen (1 Zoll = 2,54 cm).

a) Gib den Radius der größtmöglichen Kugel in Zoll und cm an.

r = ______ Zoll r = ______ cm

b) Wie schwer ist die Bowlingkugel aus a), wenn 1 dm^3 des Kugelmaterials 1,32 kg wiegt? Die Grifflöcher können vernachlässigt werden.

$m_{Kugel} =$ ______ kg

4 Eine Schneekugel hat einen Innendurchmesser von 8,6 cm. Die in der Kugel enthaltene Figur nimmt 18 % des gesamten Innenvolumens ein. Wie viel Wasser kann eingefüllt werden, damit die Kugel ohne Luftblasen verschlossen werden kann?

$V_{Wasser} =$ ______ ml

1 Berechne die Oberfläche der kugelförmigen Gegenstände. Runde auf eine Dezimale.

a) Weihnachtskugel

$O =$ ______ cm^2

b) Seifenblase

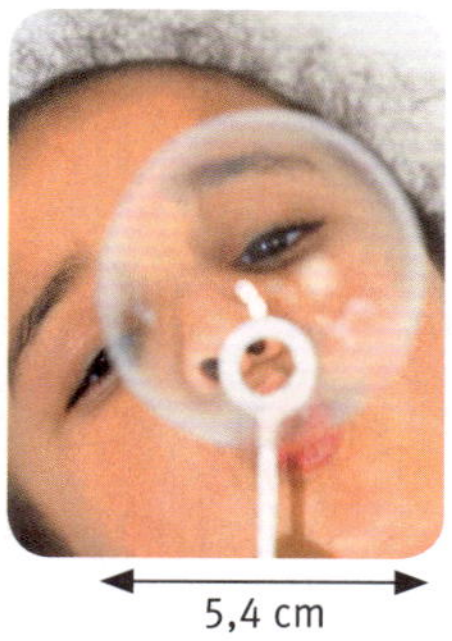

$O =$ ______ cm^2

c) Fußball

$O =$ ______ dm^2

d) Riesenballon

$O =$ ______ m^2

e) Kuppel

$O =$ ______ m^2

2 Berechne die fehlenden Größen der Kugel. Runde gegebenenfalls geeignet.

	a)	b)	c)	d)	e)	f)
r	20 cm				1,5 mm	
d		14 mm				
u			25,12 m			
O				1017,88 m^2		221,67 dm^2
V						

3 Ein Tennisball hat einen Umfang von 21,2 cm, ein Tischtennisball hat einen Durchmesser von 40 mm.

a) Berechne den Inhalt der Oberfläche beider Bälle.

b) Die Oberfläche des Tischtennisballs beträgt etwa ______ % der Oberfläche des Tennisballs.

4 Kreuze die richtige Antwort an. Du kannst auch mit dem Radius r = 1 cm ausprobieren.

a) Wenn sich der Radius einer Kugel verdoppelt, dann ... sich ihre Oberfläche.
◯ verdoppelt ◯ vervierfacht ◯ verachtfacht

b) Wenn sich der Radius einer Kugel verdreifacht, dann ... sich ihre Oberfläche.
◯ verdreifacht ◯ versechsfacht ◯ verneunfacht

c) Wenn sich der Radius einer Kugel verzehnfacht, dann ... sich ihre Oberfläche.
◯ verzehnfacht ◯ verzwanzigfacht ◯ verhundertfacht

d) Wenn sich der Radius einer Kugel verdoppelt, dann ... sich ihr Volumen.
◯ verdoppelt ◯ vervierfacht ◯ verachtfacht

1 Einem Kegel ($h_K = 6$ cm) mit Grundkreisradius $r_K = 4$ cm wird ein Zylinder mit $r_Z(x) = x$ cm einbeschrieben.

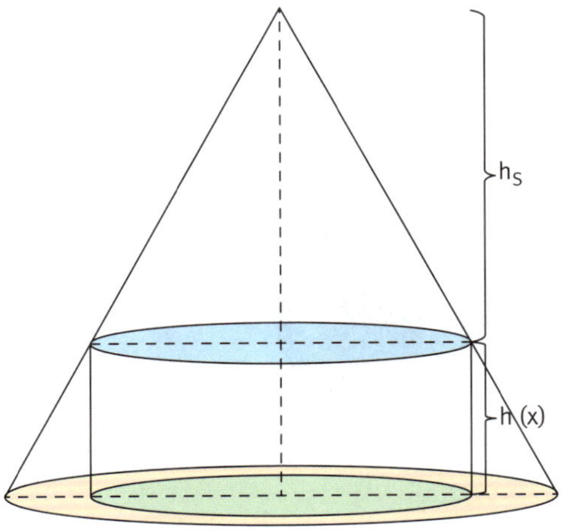

a) Beschrifte die Zeichnung mit den gegebenen Angaben.

b) Berechne die Höhe h (x) des Zylinders in Abhängigkeit von x.

$\frac{h_S}{h_K} = \frac{\quad}{\quad}$ Einsetzen: $\frac{\quad}{\quad} = \frac{\quad}{\quad}$

$h_S =$ ______ $\Rightarrow h(x) = h_K -$ ______ $= ($ ______ $)$ cm

c) Welche Werte sind für x sinnvoll?

$x \in$ ______

d) Begründe, weshalb es keinen Zylinder mit einem Radius von 4 cm gibt.

______

______

e) Zeige rechnerisch, dass sich das Volumen der Zylinder in Abhängigkeit von x folgendermaßen beschreiben lässt:
$V(x) = x^2 \cdot \pi \cdot (6 - 1{,}5x)$ cm³

f) Berechne die Volumina der Zylinder für $x \in \{0{,}5;\ 2{,}5;\ 3{,}5\}$.

$V(0{,}5) =$ ______ ≈ ______

$V(2{,}5) =$ ______

$V(3{,}5) =$ ______

g) Durch welchen Term wird die Mantelfläche der Zylinder in Abhängigkeit von x beschrieben?
◯ $M(x) = (-3\pi x^2 + 12\pi x)$ cm³ ◯ $M(x) = -3\pi(x^2 - 4x)$ cm³ ◯ $M(x) = 2\pi x(6 - 1{,}5x)$ cm³

h) Für welchen Wert von x erhält man den Zylinder mit der größten Mantelfläche? Gib diesen Flächeninhalt sowie den Durchmesser und die Höhe dieses Zylinders an.

M ≈ ______

d = ______

h = ______

1 Einem Quader ABCDEFGH mit den Kantenlängen a = b = 4 cm und der Höhe h = 6 cm ist eine gerade Pyramide wie abgebildet einbeschrieben.

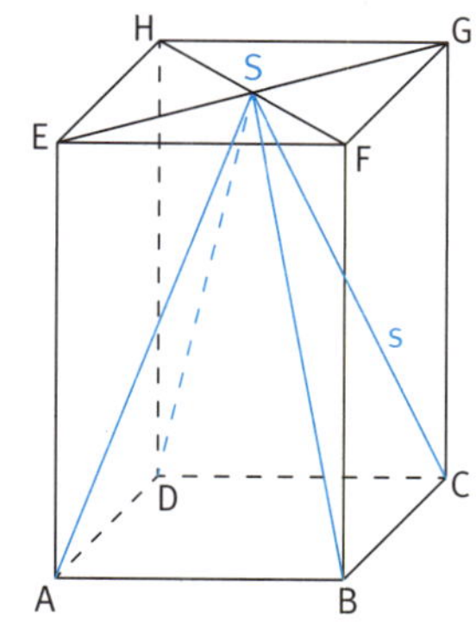

a) Trage jeweils zunächst die Maße bzw. das gesuchte Teilstück in die Hilfsdreiecke ein. Runde Längen und Winkelmaße auf eine Dezimale.

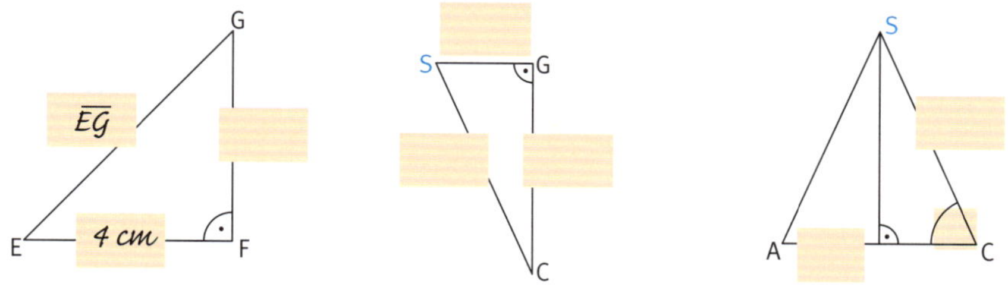

b) Berechne das Maß γ des Neigungswinkels der Seitenkante s gegenüber der Grundfläche.

c) Berechne den Inhalt der Oberfläche der Pyramide.

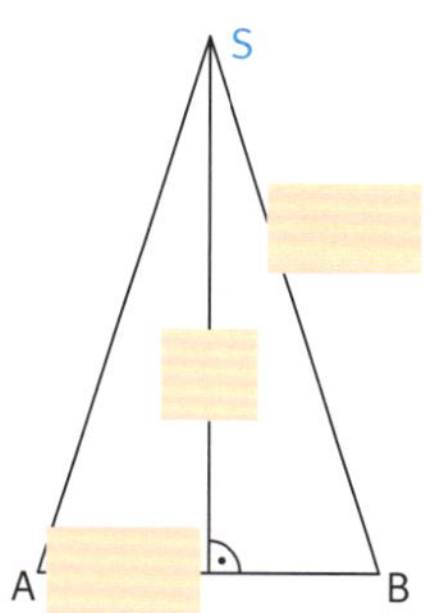

2 Gegeben ist ein Quader ABCDEFGH. Berechne den Flächeninhalt des Dreiecks ACP. Trage dazu die benötigten Maße in die Teildreiecke ein. Es gilt:
$\overline{AB} = 7$ cm; $\overline{AE} = 3$ cm; $\overline{BC} = 6$ cm; $\overline{HP} = 2$ cm; $\overline{AP} = 7$ cm

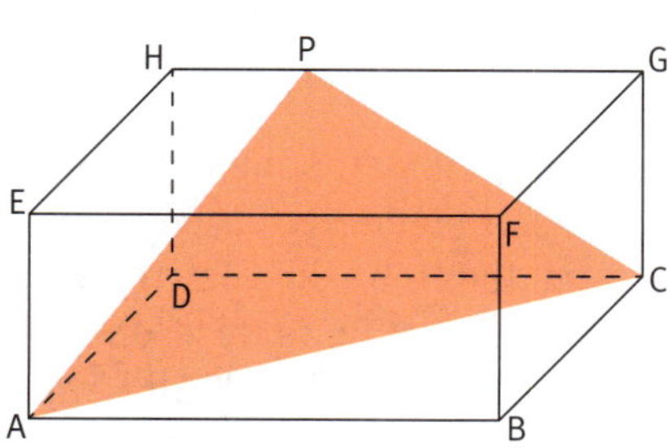

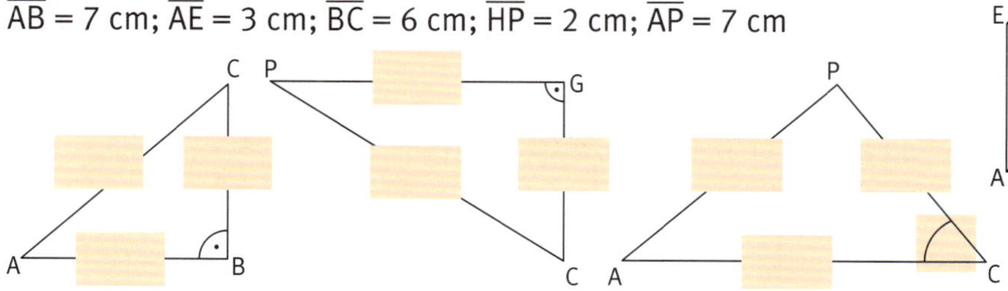

1 Entscheide zuerst für jede Funktionsgleichung, in welchen Quadranten (I und III bzw. II und IV) die zugehörigen Graphen verlaufen müssen. Ordne dann die gezeichneten Graphen den Funktionsgleichungen zu.

	I–III	II–IV	
$y = \frac{0,5}{x}$	×		
$y = \frac{-3,5}{x}$			
$y = \frac{-8}{x}$			
$y = \frac{3}{x}$			f_1
$y = \frac{-1}{x}$			
$y = \frac{7}{x}$			

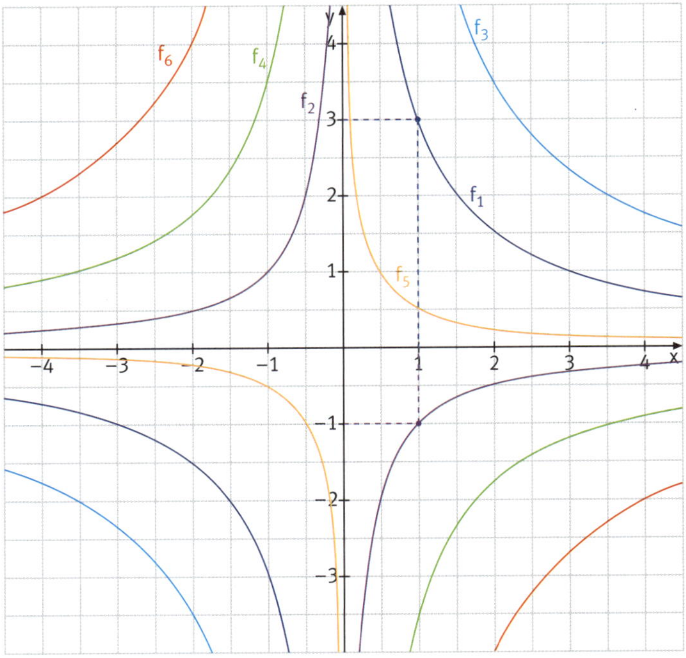

2 Alle gegebenen Punkte gehören zu einer Funktion der Form $y = \frac{k}{x}$ ($\mathbb{G} = \mathbb{Q} \times \mathbb{Q}$; $k \in \mathbb{Q} \setminus \{0\}$).
Ordne jedem Punkt den passenden Wert für k zu.

A (0,5|0,4) B (4|–1,25) C (0,25|2) D (–2,5|–4) E (0,25|3) F (0,2|4)

$k = \frac{1}{2}$ $k = -3$ $k = -5$ $k = \frac{4}{5}$ $k = 0,2$ $k = \frac{3}{4}$ $k = 10$

G (–0,5|10) H (0,5|–6) I (–0,1|–5) J (–25|–0,4) K (0,75|1) A (0,02|10)

3 Auf der linken Seite eines insgesamt 100 cm langen, zweiarmigen Hebels wird ein Massestück befestigt. Um den Hebel im Gleichgewicht zu halten, wird auf der rechten Seite des Hebels eine Kraft $\vec{F_R}$ ausgeübt (Maßzahl y). Diese Kraft $\vec{F_R}$ muss umso größer sein, je kleiner der Hebelarm x (Abstand vom Drehpunkt zum Angriffspunkt der Kraft) ist.

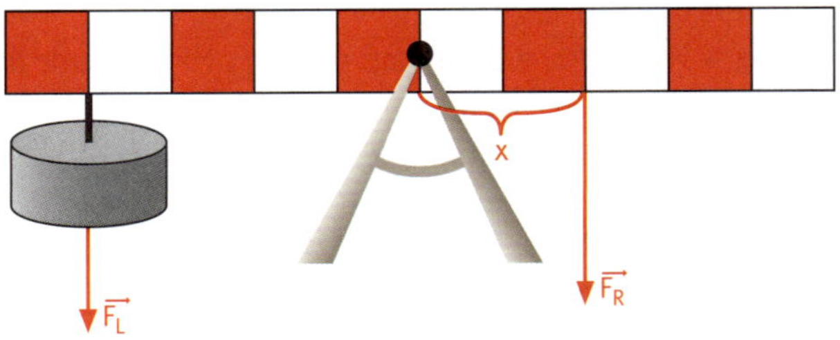

a) Bei einem Versuch wurden schon die ersten Messergebnisse in eine Tabelle eingetragen. Welche weiteren Werte sind zu erwarten?

x in cm	12	16	10		3	
y in N	40	30		96		15

b) Gib den Proportionalitätsfaktor k (als Maßzahl) an. k = ____________

c) Mit welcher Funktionsgleichung lässt sich der Zusammenhang zwischen der Maßzahl x des Hebelarmes und der Maßzahl y der nötigen Kraft $\vec{F_R}$ darstellen? ____________

d) Gib die Definitionsmenge für x an. $\mathbb{D}$ = ____________

1 Vervollständige die Wertetabelle. Runde auf eine Dezimale.

	x	−2	−1,5	−1	−0,5	0	0,5	1	1,5	2
a)	$y = 3^x$									
b)	$y = 0{,}5^x$									
c)	$y = 3 \cdot \left(\frac{1}{2}\right)^x$									

2 Welche Funktionsgleichung ist die richtige?

a)

x	0,5	1,5	2,5
y	0,5	2	8

○ $y = \frac{1}{2} \cdot 2^x$ ○ $y = \frac{2}{5} \cdot 3^x$ ○ $y = \frac{1}{4} \cdot 4^x$

b)

x	2	3	5
y	1,6	1,28	0,8192

○ $y = 2 \cdot 0{,}7^x$ ○ $y = 1{,}5 \cdot 0{,}6^x$ ○ $y = 2{,}5 \cdot 0{,}8^x$

c)

x	0	1	2
y	−2,2	−4,4	−8,8

○ $y = -2{,}2 \cdot 3^x$ ○ $y = -2{,}2 \cdot 2^x$ ○ $y = 2{,}2 \cdot 3^x$

3 Der Graph stellt die Zerfallskurve eines radioaktiven Präparats dar, von dem zu Anfang 30 g vorhanden sind.

a) Bestimme f (1). f (1) = ______

b) Ermittle eine Funktionsgleichung für den Zerfallsprozess.

______

______

______

______

c) Stelle in der Grafik die Halbwertszeit dar und lies ihren Wert ab.

Halbwertszeit: x ≈ ______ (Tage)

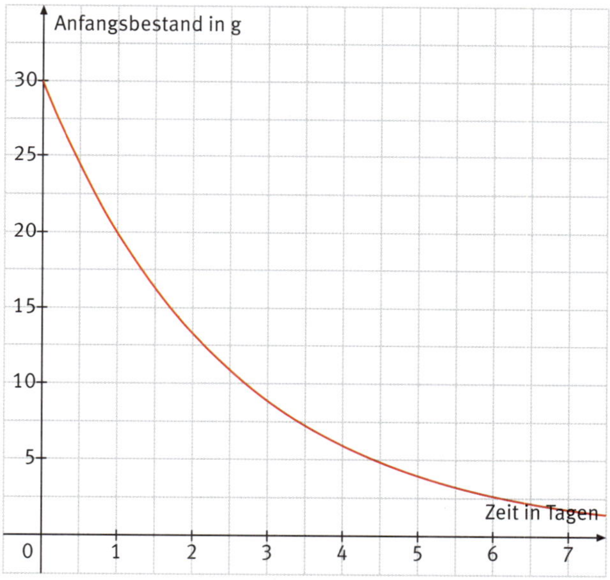

4 Berechne die fehlenden Werte.

	a)	b)	c)	d)
K	72 000,00 €	20 000,00 €	432,50 €	
p	4,1		0,4	2
n	30 Jahre	2 Jahre	1,5 Jahre	4 Jahre
K (n)		20 604,50 €		1948,38 €
Gleichung				

1 Eine Bakterienkultur bedeckt zu Beginn eines Versuchs um 9.00 Uhr einen Teil der Fläche einer 28 cm^2 großen Petrischale. Die von Bakterien bedeckte Fläche y cm^2 kann in Abhängigkeit von der Anzahl x der seit Versuchsbeginn vergangenen Stunden durch die Gleichung $y = 2 \cdot 1{,}15^x$ angegeben werden.

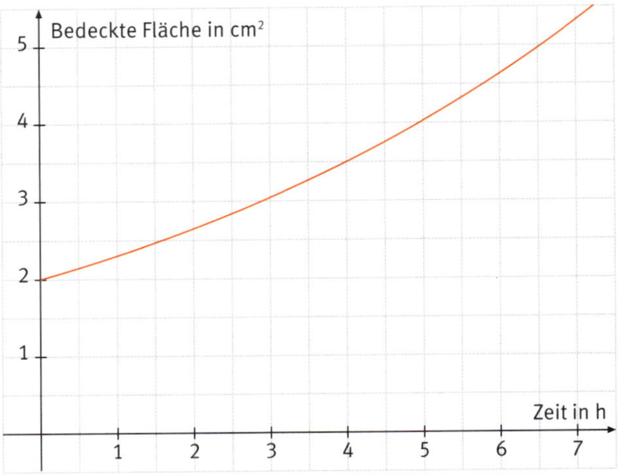

a) Wie groß ist die von Bakterien bedeckte Fläche am Anfang des Versuchs? ________ cm^2

b) Um wie viel Prozent wächst die Fläche stündlich? um ________ %

c) Der Versuch soll gestoppt werden, wenn 5 cm^2 der Fläche bedeckt sind. Um wie viel Uhr wird das ungefähr passieren? um ca. ________ Uhr

d) Berechne, welche Fläche nach 9 Stunden von Bakterien bedeckt wären. Runde auf Ganze cm^2.

2 Ein Eiszapfen taut. Entnimm den Darstellungen die Länge des Eiszapfens zu den entsprechenden Zeiten. Ermittle eine Funktionsgleichung, die die Längenänderung ab Beginn der Messung beschreibt.

Uhrzeit: Länge	10 Uhr:	11 Uhr:	12 Uhr:	13 Uhr:	15 Uhr:
Gleichung					

3 Kreuze die zutreffenden Aussagen an.

◯ Ist in einer Funktion der Form $y = k \cdot a^x$ die Basis $a > 0$, so liegt exponentielles Wachstum vor.

◯ Exponentielles Wachstum bedeutet: Vervielfachung der Werte in gleichen Zeiträumen um denselben Faktor.

◯ Die Graphen aller Exponentialfunktionen mit der Gleichung $y = k \cdot a^x$ verlaufen durch den Punkt P (1|0).

1 Die Stadt Logoville verzeichnete vom 31.12.2015 zum 31.12.2016 ein Bevölkerungswachstum von 2,94 %. Die Einwohnerzahl betrug am 31.12.2016 somit 1 436 725. Würde das Wachstum sich so fortsetzen, könnte die Einwohnerzahl y nach x Jahren ab dem 31.12.2016 durch die Funktion
f: $y = 1\,436\,725 \cdot 1{,}0294^x$ mit $\mathbb{G} = \mathbb{R}_0^+ \times \mathbb{R}_0^+$ beschrieben werden.

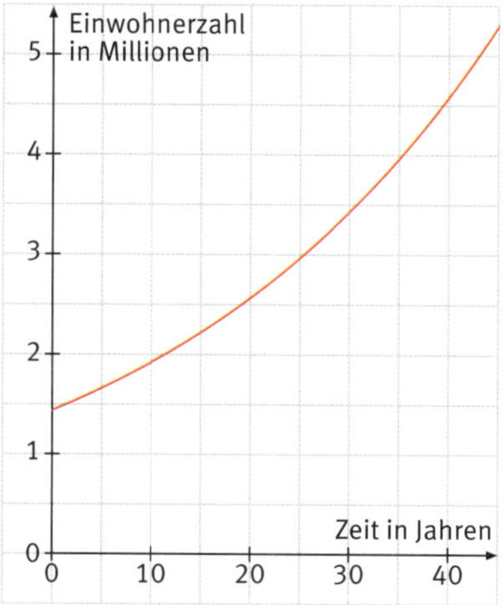

a) Berechne, wie viele Einwohner Logoville demzufolge am 31.12.2028 hätte.

b) Entnimm dem oben abgebildeten Diagramm, nach wie vielen Jahren die Einwohnerzahl die 3-Millionen-Marke erstmals überschreiten würde.

c) In Logoville werden im Durchschnitt jährlich 1750 Babys mehr geboren als Einwohner sterben. Gib an, welches der Diagramme A, B und C die Entwicklung der Einwohnerzahl zutreffend darstellt, wenn man nur diesen Zusammenhang berücksichtigt. Begründe deine Wahl.

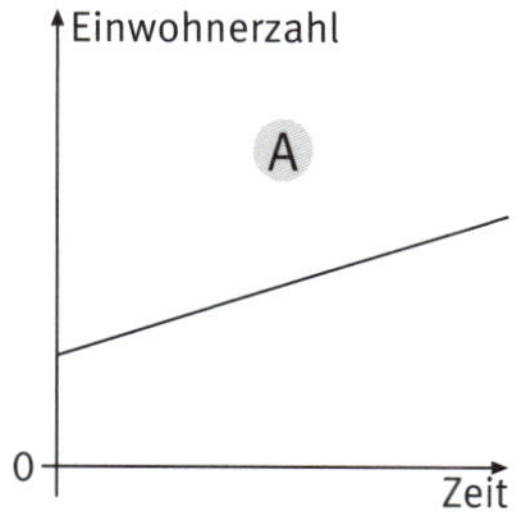

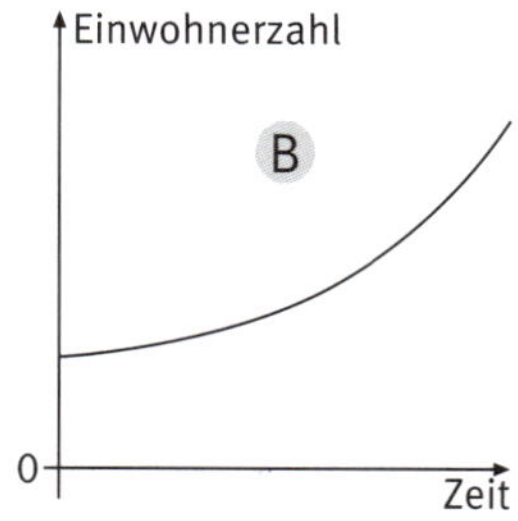

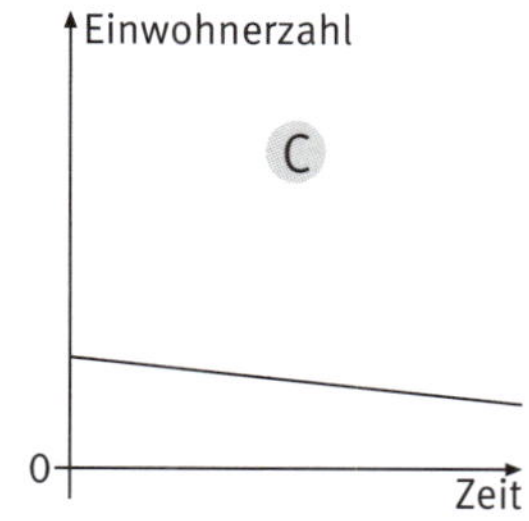

2 Die Parabel p verläuft durch A (−2|3) und C (6|3). Sie hat eine Gleichung der Form $y = 0{,}5x^2 + bx + c$ mit $\mathbb{G} = \mathbb{R} \times \mathbb{R}$ und $b, c \in \mathbb{R}$. Die Gerade g hat die Gleichung $y = -0{,}25x + 5{,}5$ mit $\mathbb{G} = \mathbb{R} \times \mathbb{R}$.

a) Zeige durch Berechnung der Werte für b und c, dass die Parabel p die Gleichung $y = 0{,}5x^2 - 2x - 3$ hat und zeichne die Parabel p sowie die Gerade g in das Koordinatensystem.

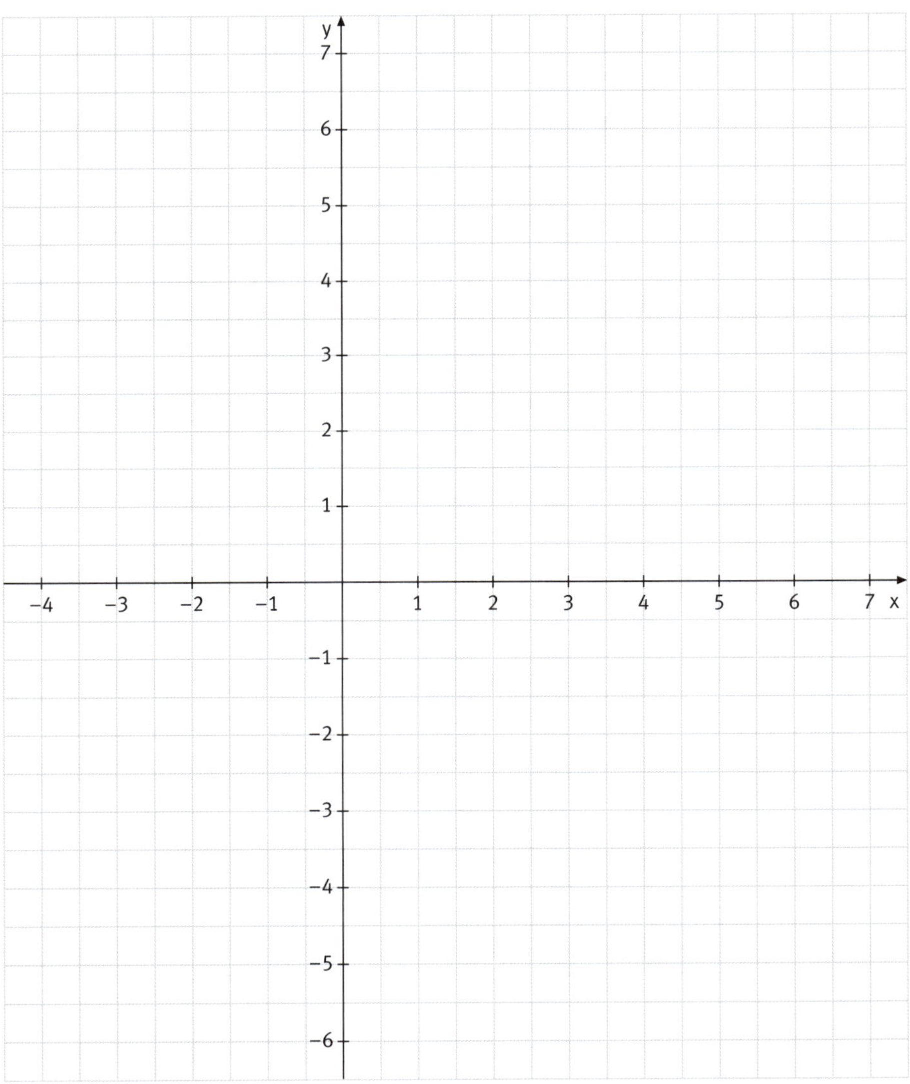

b) Punkte B_n $(x \mid 0{,}5x^2 - 2x - 3)$ auf der Parabel p und Punkte D_n $(x \mid -0{,}25x + 5{,}5)$ auf der Gerade g haben dieselbe Abszisse x und sind für $x \in \,]-2; 6[$ zusammen mit den Punkten A und C die Eckpunkte von Vierecken AB_nCD_n. Zeichne das Viereck AB_1CD_1 für $x = -1$ und das Viereck AB_2CD_2 für $x = 3$ in das Koordinatensystem zu a) ein. Berechne sodann den Flächeninhalt A der Vierecke AB_nCD_n in Abhängigkeit von der Abszisse x der Punkte B_n.
[Ergebnis: $A(x) = (-2x^2 + 7x + 34)$ FE]

c) Ermittle rechnerisch, für welche Belegungen von x die zugehörigen Vierecke einen Flächeninhalt von 38,5 FE haben. Runde auf zwei Stellen nach dem Komma.

d) Die Vierecke AB_3CD_3 und AB_4CD_4 sind Drachenvierecke mit der Gerade AC als Symmetrieachse. Berechne die x-Koordinaten der Punkte B_3 und B_4 auf zwei Stellen nach dem Komma gerundet.

e) Das Viereck AB_5CD_5 ist ebenfalls ein Drachenviereck. Zeichne das Drachenviereck AB_5CD_5 in das Koordinatensystem zu a) ein.

1 Die Skizze zeigt den Grundriss eines Wintergartens, der durch die Strecken [DE], [EA], [AB] und [BC] sowie den Kreisbogen $\overset{\frown}{CD}$ mit Mittelpunkt M begrenzt wird.

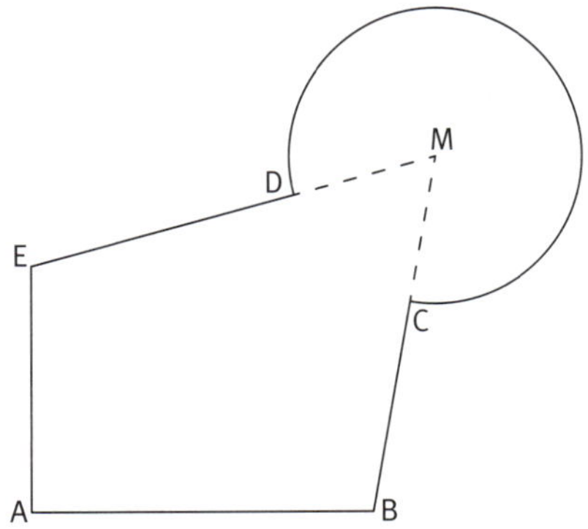

Es gilt: $\overline{AB} = 7{,}00$ m; $\overline{AE} = 5{,}00$ m; MD = 3,00 m; ∢CBA =100°; ∢BAE = 90°; ∢AED = 105°.
Hinweis: Runde stets auf zwei Stellen nach dem Komma.

a) Zeichne den Grundriss des Wintergartens im Maßstab 1 : 100 und berechne sodann die Länge der Strecke [EB] sowie das Maß des Winkels ∢EBA.
[Ergebnisse: $\overline{EB} = 8{,}60$ m; ∢EBA = 35,54°]

b) An den Seiten [ED] und [BC] werden Glaselemente verbaut. Ermittle durch Rechnung die Länge der Seiten [ED] und [BC].

c) Auf dem Kreisbogen $\overset{\frown}{CD}$ sollen gebogene Wandelemente verbaut werden. Berechne die Länge des Kreisbogens $\overset{\frown}{CD}$.
[Teilergebnis: $\sphericalangle CMD = 295°$]

d) Der im Grundriss vom Kreisbogen $\overset{\frown}{CD}$ und der Strecke [DC] begrenzte Teil soll sich durch eine Faltwand bei [DC] vom restlichen Teil des Wintergartens abteilen lassen. Bestimme rechnerisch die Länge der Strecke [DC].

e) Berechne den Inhalt der gesamten Fläche des Wintergartens.

2 Gegeben ist das Trapez ABCD mit AB || CD (siehe maßstabsgetreue Skizze).
Es gilt: $\overline{AB} = 9{,}0\text{ cm}$; $\overline{BC} = 5{,}0\text{ cm}$; $\sphericalangle CAD = 20°$; $\sphericalangle CBA = 70°$.

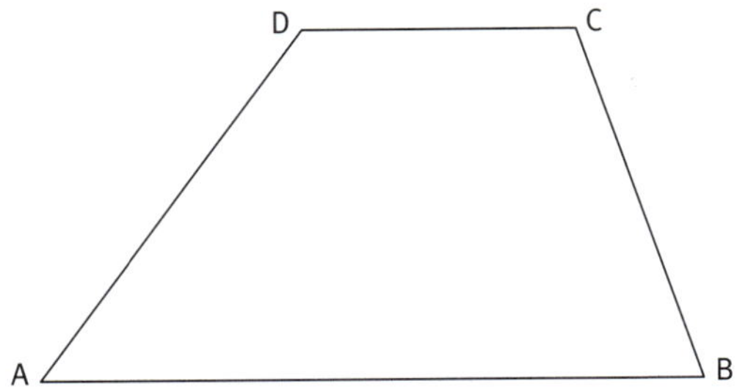

Berechne den Flächeninhalt A des Teildreiecks ACD. Runde auf eine Stelle nach dem Komma.

1 Auf Schraubenpackungen findet man Angaben über den Schraubendurchmesser und die Schraubenlänge in Millimeter (z. B. 4 × 10). Die Skizze zeigt den Axialschnitt eines Schraubenrohlings. GH ist die Symmetrieachse.

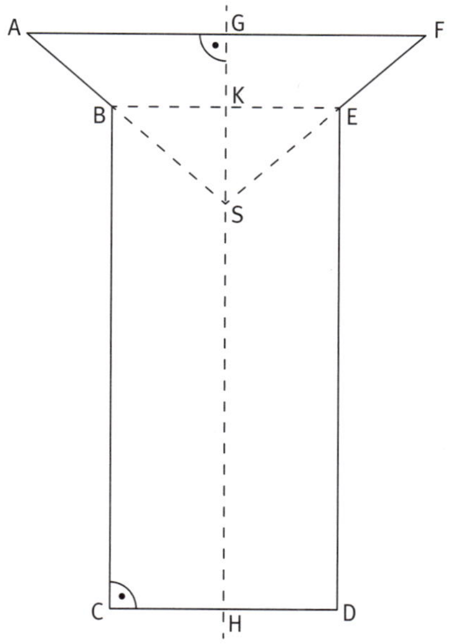

Es gilt: $\overline{AF} = 7{,}0$ mm; $\overline{CD} = 4{,}0$ mm; $\overline{GH} = 10{,}0$ mm; $\sphericalangle BAF = 40°$.
Berechne das Volumen V des Schraubenrohlings. Runde auf eine Stelle nach dem Komma.
[Teilergebnis: $\overline{KS} = 1{,}7$ mm]

2 Die Skizze zeigt ein Schrägbild der Pyramide ABCDS, deren Grundfläche die Raute ABCD mit den Diagonalen [AC] und [BD] ist. Der Schnittpunkt der beiden Diagonalen ist der Punkt M. Der Punkt A ist der Fußpunkt des Lotes von der Spitze S der Pyramide ABCDS auf die Grundfläche.

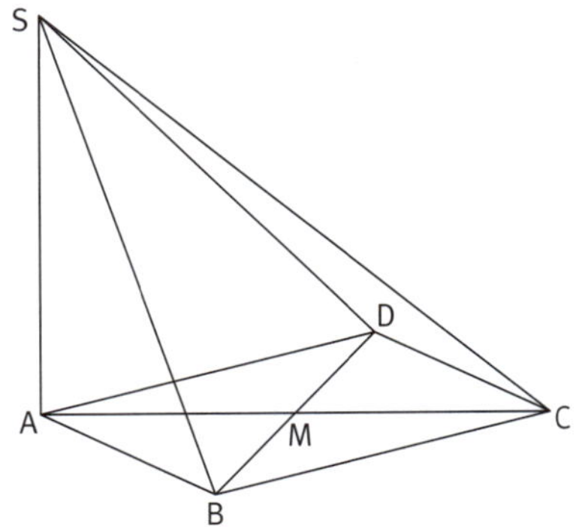

Es gilt: $\overline{AC} = 9$ cm; $\overline{BD} = 8$ cm; $\overline{AS} = 7$ cm.
Hinweis: Runde stets auf zwei Stellen nach dem Komma.

a) Zeichne das Schrägbild der Pyramide ABCDS, wobei die Diagonale [AC] auf der Schrägbildachse liegen soll. Für die Zeichnung gilt: $q = \frac{1}{2}$; $\omega = 45°$.
Berechne sodann die Länge der Strecke [SC] und das Maß φ des Winkels SCA.
[Ergebnisse: $\overline{SC} = 11{,}40$ cm; $\varphi = 37{,}87°$]

b) Punkte $Z_n \in [SC]$ mit $\overline{Z_nC} = x$ cm($x < 11{,}40$; $x \in \mathbb{R}^+$) sind die Spitzen von Pyramiden $BCDZ_n$. Zeichne die Pyramide $BCDZ_1$ für $x = 2$ in das Schrägbild zu a) ein und berechne sodann das Maß ε des Winkels CMZ_1.

c) Für die Pyramide $BCDZ_2$ gilt: $MZ_2 \perp AC$. Zeichne die Pyramide $BCDZ_2$ in das Schrägbild zu a) ein und begründe sodann, dass für die Pyramide $BCDZ_2$ gilt: $\overline{SZ_2} = \overline{Z_2C}$.

d) In der Pyramide $BCDZ_3$ gilt: $CMZ_3 = 110°$. Zeichne die Pyramide $BCDZ_3$ und ihre Höhe $[Z_3F]$ in das Schrägbild zu a) ein und berechne sodann die Länge der Strecke $[Z_3C]$.
[Ergebnis: $\overline{Z_3C} = 7{,}95$ cm]

e) Ermittle durch Rechnung den prozentualen Anteil des Volumens der Pyramide $BCDZ_3$ am Volumen der Pyramide ABCDS.

Versuche, folgende Aufgaben ohne Hilfsmittel zu lösen:

1 Vervollständige.

a) Ein Quader hat ________ Ecken und ________ Kanten.

b) Ein Prisma mit einem Dreieck als Grundfläche hat ________ Ecken und ________ Kanten.

2 Welche geometrische Figur sieht man, wenn man einen auf dem Mantel liegenden Zylinder genau von oben betrachtet?

____

3 Beschreibe, wie sich der Linksterm und der Rechtsterm der Gleichung $x^2 = 2x - 3$ mit $\mathbb{G} = \mathbb{R} \times \mathbb{R}$ geometrisch interpretieren lassen.

____

____

____

4 Ein gleichschenklig-rechtwinkliges Dreieck rotiert um eine Kathete. Beschreibe den entstehenden Rotationskörper.

____

5 Kreuze richtig an: Ein hundertstel Meter ist gleich ...

◯ 0,001 cm. ◯ 0,01 cm. ◯ 0,1 cm. ◯ 1 cm. ◯ 100 cm.

6 Gib die Gleichungen dreier verschiedener Geraden h_1, h_2 und h_3 an, die auf der Gerade g: $y = x$ mit $\mathbb{G} = \mathbb{R} \times \mathbb{R}$ senkrecht stehen.

____

____

7 Wie verändert sich das Volumen eines Würfels, wenn alle Kantenlängen verdoppelt werden?

____

8 Die Parabel p_1 mit der Gleichung $y = x^2$ und die Parabel p_2 haben nur einen einzigen Punkt gemeinsam ($\mathbb{G} = \mathbb{R} \times \mathbb{R}$). Wie könnte die Gleichung der Parabel p_2 lauten?

____

____

9 Bei einer Quizshow sollte der Kandidat angeben, welche Antwort die richtige ist auf die Frage:

Jedes Rechteck ist ein ...

Ⓐ Drachen
Ⓑ Parallelogramm
Ⓒ Trapez
Ⓓ Quadrat

Begründe, warum diese Aufgabe ungeeignet ist.

____

____